黄河三角洲柽柳种群格局演变与修复研究

Population Pattern Dynamic and Restoration of
Tamarix chinensis
in the Yellow River Delta

焦乐 张鹏 孙涛 等著

化学工业出版社

·北京·

内容简介

本书主要介绍了黄河三角洲盐沼湿地中柽柳种群在环境变化和人类活动双重压力下的时空演变规律及生态响应机制。笔者综合运用了遥感影像解译、无人机机载激光雷达、野外监测与模型模拟等多种技术，研究了柽柳种群的空间格局变化及其与环境因素、传粉者之间的互馈作用，并利用柽柳种群空间格局模型分析了柽柳种群在不同外界扰动下的系统弹性阈值，可为湿地保护、生态修复和可持续管理提供系统的研究框架、翔实的数据分析、前沿的理论探讨以及实用的修复策略，旨在促进生态保护与恢复领域的知识交流与技术创新。

本书理论与实践紧密结合，可供生态学、湿地保护、环境科学及生态修复等领域的科研人员、专家学者参考，也可供高等学校生态工程、环境科学与工程、生物工程及相关专业师生参阅。

图书在版编目（CIP）数据

黄河三角洲柽柳种群格局演变与修复研究 / 焦乐等著 . — 北京： 化学工业出版社，2025. 7. — ISBN 978 - 7-122-47993-8

Ⅰ. S793. 5

中国国家版本馆 CIP 数据核字第 2025X5585R 号

责任编辑：刘　婧　刘兴春
文字编辑：丁海蓉
责任校对：李　爽
装帧设计：刘丽华

出版发行：化学工业出版社
　　　　　（北京市东城区青年湖南街 13 号　邮政编码 100011）
印　　装：中煤（北京）印务有限公司
710mm×1000mm　1/16　印张 12½　彩插 14　字数 190 千字
2025 年 7 月北京第 1 版第 1 次印刷

购书咨询：010-64518888
售后服务：010-64518899
网　　址：http: //www.cip.com.cn
凡购买本书，如有缺损质量问题，本社销售中心负责调换。

定　　价：118. 00 元　　　　　　　　　　　版权所有　违者必究

黄河三角洲是我国重要的湿地生态系统之一，具有独特的生态功能和生物多样性价值。柽柳（*Tamarix chinensis*）是我国北方滨海盐沼湿地重要的灌木类盐沼植物，在防风固堤、调节气候、维持生物多样性和群落演替等方面发挥重要的生态功能。近些年来，受到气候变化、围填海活动等自然变化和人为活动的共同影响，我国北方滨海湿地柽柳种群出现了破碎化加剧和分布面积减少等退化现象，多重胁迫下滨海盐沼柽柳种群响应的机制理论和模拟方法已成为滨海湿地修复和管理中面临的重要问题。深入了解黄河三角洲柽柳种群的生态特性与分布规律，对保护该区域生物多样性、提升生态系统服务功能具有重要意义。

基于此背景和需求，我们组织撰写了《黄河三角洲柽柳种群格局演变与修复研究》一书，旨在深入探讨在气候变化和人类活动双重压力下，如何通过调整柽柳种群的空间分布、繁殖策略及与传粉者的相互作用，展现出系统的适应性和恢复力，从而为生态恢复与管理提供科学依据。

本书以黄河三角洲典型盐沼植物柽柳为研究对象，综合运用遥感影像解译、无人机机载激光雷达航测、野外植被调查、野外监测试验、室内分析试验、模型构建与模拟等方法，系统研究了黄河三角洲柽柳种群空间格局变化驱动机制及其稳定性维持机制。本书共分 7章，分别围绕柽柳种群时空格局演变、环境-柽柳-传粉者互馈作用机制、传粉者空间分布格局模型构建、植被空间分布模型构建，以及系统的弹性阈值展开。通过对柽柳种群空间格局的时空变化特征进行分析，揭示了环境因素与柽柳之间的反馈作用机制，并深入探讨了传粉者与柽柳的交互作用，包括花朵挥发物对传粉者觅食成功率的影响、传粉者对植物密度的功能响应以及传粉者的移动扩散策略。在此基础上建立花朵挥发物介导下传粉者密度制约扩散模型，进一步耦合环境胁迫下柽柳种群反馈过程、传粉者密度制约扩散策略影响下柽柳种子生成过程、柽柳种子扩散和个体生长过程，构建了环境因素和传粉者共同作用下的柽柳种群空间格局模型。从非线性复杂系统的角度，分析了不同外界扰动影响下柽柳种群系统的弹性阈值，为生态系统的保护和管理提供了科学依据。

本书的特色在于综合运用了生态学、系统科学和模型模拟等多学科理论与方法，结合遥感技术、景观格局分析技术、分子生态学等科技手段，将环境胁迫与传粉者影响相结合，深入剖析了柽柳种群的生态适应性及其对环境变化的响应机制。通过构建综合模型，本书不仅揭示了柽柳种群在复杂环境下的动态变化规律，还为湿地生态系统的保护和可持续管理提供了理论支持和实践指导，希望本书的出版能为相关领域的学术研究提供有益的启示，并为黄河三角洲盐沼湿地的生态保护与恢复提供理论依据和技术支持。

笔者由衷地感谢所有为本书撰写和出版付出辛勤努力的各位同仁。向所有参与野外调查、数据分析和文稿讨论的同事们致以最诚挚的谢意，他们的辛勤工作和无私奉献是本书得以完成的关键。同时，感谢黄河三角洲国家级自然保护区管理局提供宝贵的现场调研机会。感谢各位同行专家和学者对本书的悉心指导以及提出的宝贵建议，他们的指导和建议使本书的内容更加完善、准确。

由于本研究涉及的内容广泛，限于时间和精力，仍可能存在不足和疏漏之处。恳请广大读者和同行批评指正，以便我们在未来的研究中不断完善。

焦乐
2025 年 3 月

目录

第 **1** 章

概 述

1.1 滨海湿地与柽柳

1.1.1 滨海湿地的定义及其研究价值

滨海湿地位于陆地生态系统和海洋生态系统的交错过渡地带，包括浅海水域、滩涂、盐沼、红树林和海草床等类型。滨海湿地是地球生态系统中最具生产力和生物多样性的区域之一，全球超过 26 亿人口居住在距离海岸线 100km 以内的滨海区域，其对人类社会的可持续发展发挥着关键作用（McCarthy 等，2017；Sale 等，2014）。在全球生态系统价值评估中，滨海湿地提供的生态系统服务价值占全球的 52% 以上（图 1-1）（Costanza 等，2014；Kelleway 等，2017）。滨海湿地是重要的碳汇，能够通过红树林、海草床等生态系统固定大量二氧化碳，对缓解全球气候变化具有重要意义。滨海湿地是生物多样性的宝库，为众多海洋生物和鸟类提供了栖息、繁殖和迁徙中转的场所，其中包括许多濒危物种。除了碳汇和生物多样性保护功能外，滨海湿地还在净化水质、控制土壤侵蚀、维持海岸线稳定和抵御自然灾害等方面表现出显著的调节服务功能。

河口三角洲滨海湿地是滨海湿地的重要类型之一，是河流和海洋水动力共同作用的产物，同时受到河流、陆地、海洋等多种生态系统不同水文过程交互作用的影响（Elliott 等，2011；Spencer 等，2016）。河口三角洲滨海湿地在全球生态系统中占据重要地位，在为人类提供了直接经济收益的同时，还在维持生态平衡、保护生物多样性和应对气候变化等方面发挥着不可替代的作用。然而，日益加剧的气候变化和人类活动对滨海湿地造成了严重的威胁。全球气候变化导致的海平面上升、海洋酸化以及人类活动导致的湿地破坏和污染，正在加速滨海湿地的退化。滨海湿地保护和修复已成为《生物多样性公约》、《气候变化框架公约》以及联合国可持续发展目标的重要内容之一。

1.1.2 黄河三角洲地区植被退化情况

黄河三角洲是中国陆海相互作用最为活跃的地区，拥有中国最年轻、最广阔、最完整的新生河口湿地生态系统，是世界范围内河口三角洲滨海湿地生态系统的典型代表。作为重要的生态屏障，黄河三角洲滨海湿

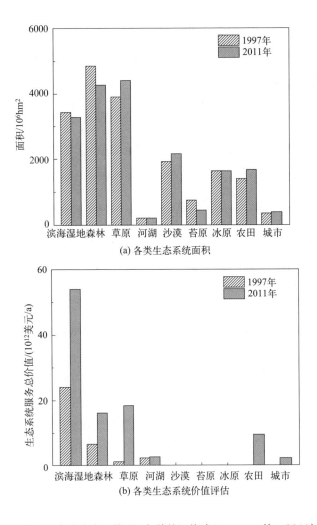

(a) 各类生态系统面积

(b) 各类生态系统价值评估

图1-1 全球各类生态系统面积与价值评估（Costanza等，2014）

地在生物多样性维护、珍稀生物保育、河口三角洲生态系统稳定性维持等方面起到关键生态作用，同时对区域可持续发展发挥着举足轻重的作用。2009年黄河三角洲高效生态经济区的成立，标志着黄河三角洲的发展上升为国家战略，成为国家区域协调发展战略的重要组成部分。

　　黄河三角洲滨海湿地长期受到周期性潮汐作用、水-盐和水-沙主导的水文过程变化、营养物质交换及生物地球化学循环等自然理化过程的影响。陆海交互作用下，由海向陆方向高程升高，滨海湿地环境因子随之发生急剧变化，如潮汐类型、作用频率、出现时间、土壤基质中水盐含量、pH 值、氧化还原电位、有机质分解与积累等（Wang 等，2007），使得滨海湿地由海向陆呈现独特的高程、水盐等环境梯度（Qi 等，2018；Qi 等，2017）。受此环境因素梯度的影响，滨海湿地植物往往呈条带状分布（zonation）（Costa 等，2003；Pennings 等，2005）。然而，在强烈的陆海交互作用下，滨海湿地成为对环境变化反应最敏感的自然区域。在气候变暖、海平面上升、海水入侵等气候变化和围填海、环境污染等人类扰动的共同影响下，生物种群的生存和繁殖受到严重威胁，特别是在承载滨海地区物质循环和能量流动、维持滨海湿地生态系统服务功能方面有重要作用的湿地植被（肖霄等，2018）。在气候变化影响下，海平面上升、风暴潮加剧、海水入侵等因素引起水文情势改变，使得滨海湿地退化严重，次生盐渍化加剧（张绪良等，2010）；上游来水量减少引发的河流水系中断，河口淤涨速度减缓（刘曙光等，2001）；闸坝建设引起的土壤盐度梯度趋缓和梯度压缩（Feng 等，2018；Herbert 等，2015；Yuan 等，2020）；外来生物对本地生物栖息地的侵占和隔离（Yue 等，2021）；营养盐、石油烃及重金属产生的环境污染和恶化（吕剑等，2016）；以及油田开发、港口建设、盐田、养殖池等高强度人类经济活动，均造成黄河三角洲地区自然滨海湿地大面积丧失，加速了滨海湿地生态系统的破碎化和斑块化，导致水文连通和生物连通过程阻断（满颖等，2020），深刻改变了滨海湿地典型盐沼植物之间的互作关系和分布格局。

1.1.3 柽柳种群分布及退化现状

黄河三角洲是我国沿海地区中华柽柳（*Tamarix chinensis*）分布最为集中的区域（王平等，2017）。作为黄河三角洲盐沼湿地内唯一的灌木，柽柳具有较强耐盐、抗旱的生理特性（何秀平等，2014），其根部有轻微吸盐作用，其茎叶可通过泌盐作用缓解土壤环境中的高盐胁迫（王岩等，2013）。加上一年内多次结实、种子成熟时期短、种子产量大的繁殖特性（王仲礼等，2005），柽柳成为黄河三角洲成陆时间较短、土壤熟化程度低、养分低、盐渍化严重等脆弱生境中的重要盐沼植物，在黄河三角洲地区广泛分布，并与其他植物形成柽柳＋芦苇群丛、柽柳＋碱蓬群丛等多种群落类型，对三角洲地区防风固堤、调节气候、维持生物多样性和群落演替具有极其重要的作用，是维持该地区生态环境的重要支柱（刘亚琦等，2017）。

近些年来，在气候变化和人类干扰等多重因素的共同作用下，黄河三角洲地区柽柳种群呈现明显退化趋势，具体表现为柽柳数量显著减少、盖度降低、在群落中的优势地位不断下降（徐梦辰等，2015）。20 世纪 50 年代初，东营地区柽柳（*T. chinensis*）和芦苇（*Phragmites austra-lis*）面积曾达 2000km²，而目前仅剩 324.48km²，且存在继续减少的趋势（崔保山等，2001）。堤坝建设引起盐沼湿地水盐条件失衡、水文连通过程阻断，港口、盐田养殖池等人类活动使得原有适宜生境日趋破碎化、斑块化，以及油田开发造成石油和重金属污染，是导致柽柳种群衰退的主要因素。

1.1.4 柽柳种群恢复技术研究现状

从植物整个生命周期来看，花粉传递和种子产生过程是植物扩散和定植的前提。对盐沼植物柽柳来说，其花粉传递过程需要借助蜜蜂、食蚜蝇等昆虫完成（严成等，2011）。传粉过程受阻会造成花粉数量不足（如访花者较少或所携带的花粉数量较少）或质量不佳（如异种花粉干扰导致同类植物低密度时传粉成功率下降），从而产生花粉限制（pollen limitation）（de Waal 等，2015；Ramsey 等，2000），即植物因所收到的同种花粉数量不足而繁殖产出受限，进而使植物产种量和发芽能力下降，植物拓殖能力不断降低（Soons 等，2004）。在滨海盐沼地区，在风媒植物互花米草（*Spartina alterniflora*）（Davis 等，2004）、芦苇（*P. aust-ralis*）（McCormick 等，2010）和水媒植物海草（*Zostera noltei*）（van Tussenbroek 等，2016）中先后发现了花粉限制导致的种群繁殖障碍现象，对植物种群定植和空间分布产生极大影响。

当前关于黄河三角洲柽柳种群退化机制的研究主要集中在柽柳与水盐等物理环境因子的反馈作用，以及环境胁迫下植物种间竞争-促进关系的转变方面。基于以往柽柳与环境要素之间、柽柳与其他植物之间互作机制的研究，目前提出并采取的柽柳种群恢复技术与实践措施主要包括控制土壤盐渍化、引种和移栽柽柳幼苗等人工干预手段。尽管投入了巨大的人力和财力，但柽柳种群的恢复现状仍然不容乐观，在保持种群持续性和稳定性方面较弱。研究立足于柽柳种群可持续性的恢复技术手段，对黄河三角洲柽柳种群恢复乃至整个盐沼生态系统修复来说势在必行。

1.2 国内外研究进展

1.2.1 环境因素-植物反馈作用下植物空间格局及系统稳态效应

环境胁迫下植物种群分布格局机制研究是当前生态学领域的热点问题。生态系统中，植物分布格局和群落组成是环境-生物、生物-生物各种生态过程在不同时间、空间尺度上相互作用的结果（Betini 等，2017；Ravi 等，2017）。植物种群格局体现了环境要素和生物要素在景观空间上的分布和组合，制约着系统中生物与非生物过程，而各种局部生态过程又影响植物种群分布格局的形成和演化。植物-环境要素反馈作用是植物种群在空间范围内形成不同分布格局的重要驱动力。植物种内互作关系（竞争、促进）是塑造植物个体形态和种群生活史的主要因素，一种植物通过缓解潜在的环境胁迫，从而为其他个体创造更适宜的栖息环境（Cao 等，2020；Reijers 等，2019）。而随着环境的改善，个体针对有限资源（如光照、水、营养盐、生长空间等）的竞争逐渐成为限制种群生长和发展的决定性因素（Brooker 等，2008）。在空间尺度上，这种植物个体互作关系的转变驱动了不同空间尺度上植物种群的分布格局，使得植物种群在小尺度上聚集分布，而在大尺度上随机分布（Yang 等，2019）。

变化环境中，植物种间竞争会随着环境因子的改变而发生方向上的逆转或是强度上的变化（Crain 等，2008；Graff 等，2007）。在河口三角洲滨海湿地地区，径流、潮汐、波浪等水动力条件和泥沙输移驱动了河口地区地貌演化过程。在河口径流过程、周期性潮汐作用下，滨海湿地土壤盐度、淹水条件呈梯度分布。盐沼湿地中独特的环境分布特征使得这种植物个体互作关系（促进/竞争）受到环境异质性分布的显著影响，沿环境胁迫梯度增强方向上，植物个体之间正相互作用关系（即促进作用）逐渐增强，而随着环境胁迫强度的减弱，植物个体互作关系会发生促进-竞争的转变，即胁迫梯度假说（stress gradient hypothesis，SGH）（Brooker 等，2008；Callaway 等，1997b）。许多研究证实，物理环境胁迫因素和植物互作关系共同驱动了盐沼地区植物群落带状分布格局（Crain 等，2004；Ewanchuk 等，2004）。这种 SGH 假说能够较好地解释盐沼湿地中盐沼植被带状分布格局，并在局部尺度上得到了验证，如北美洲新英格兰地区、大西洋海岸以及我国长江三角洲、黄河三角洲、辽河三角洲等多地的盐沼生态系统（贺强等，2010）。

在气候变化与人类活动不断加剧的背景下，探讨盐沼湿地地区环境因素-植物反馈过程机制及其驱动下的盐沼植被系统响应变化，成为探究外界环境扰动下盐沼湿地植被格局形成及系统稳定性的重要方向。物理环境因素与植物之间的正反馈循环有助于增强系统稳定性（贺强，2021）。在盐沼地区，水动力过程和泥沙沉积过程中植物-环境因素反馈关系驱动了滨海湿地植物空间格局的形成。例如，在海草生态系统的海草-泥沙沉降反馈过程中，水体浊度的增加通过降低光合作用而影响海草生长，而海草地上部分会增大水流剪切力、减小水流速度并促进泥沙沉降，从而降低了水体浊度（Carr 等，2016；Folmer 等，2012）；在植物-土壤盐度反馈过程中，植物遮阴作用降低了土壤蒸散发，有利于保持土壤含水量、降低土壤表层盐度，促使植物个体定植和生长（Jiang 等，2012a）。这种植物-泥沙沉积之间、植物-土壤盐度之间相互强化的过程或正反馈过程促使盐沼植物种群系统维持稳态（stable state），有助于增强系统稳定性（Jiang 等，2012b）。

然而，这种物理环境因素-植物之间的正反馈过程也使得系统容易遭受突变响应甚至发生不可逆变化，从而发生稳态转变（regime shift 或 stable state shift）（McGlathery 等，2013；Viaroli 等，2008）。变化环境中，系统对扰动的响应存在临界阈值，即分岔点或突变点（tipping point）。在这种阈值型生态系统中，系统内部各要素之间正反馈过程维持了扰动达到该临界阈值之前的系统稳态，当扰动超出临界阈值以后，系统将会发生状态突变，从一种状态快速转变到另一种状态（Scheffer 等，2001）。触发稳态转变的驱动因素包括系统内部要素间负反馈过程、外界环境因素的剧烈或微幅变化（贺强，2021）。一旦系统发生崩溃，正向循环过程被打破，即使环境条件恢复到原来的水平也难以使生态系统恢复到原有状态，此时系统需要更多的投入才能恢复，如更高的营养盐水平、更弱的环境胁迫条件（van Belzen 等，2017）。

外界扰动下这种带有迟滞效应的非线性响应方式，使得系统在某一外界扰动范围内呈现双稳态特征（bistability 或 alternative stable states）（Janssen 等，2017；Xu 等，2015）。目前，多项研究证实了滨海盐沼湿地中系统双稳态的存在，其中，盐沼植物-地形地貌反馈过程、盐沼植物-泥沙沉积-水动力条件反馈过程、盐沼植物-土壤环境因素反馈过程被认为是促进滨海盐沼湿地生态系统呈现多稳态的主要原因。地形地貌形态影响植物个体生长、扩散和定植，而植物的存在又通过消浪减流、物理吸附、促淤作用对地貌形态和稳定性产生反馈作用（Stallins 等，2006；van de Koppel 等，2005；van Wesenbeeck 等，2008）。植被-土壤盐分正反馈过程中，高盐胁迫作用影响了植物个体生长、繁殖，而植物通过遮阴作用降低土壤蒸散发，有助于维持土壤水分并降低土壤盐度，使得盐沼湿地系统表现出"光滩"（bare state）和"植被"（vegetation state）两种状态（Moffett 等，2015；Wang 等，2013）。并且由于植物对环境胁迫耐受性的差异，不同植物表现出不同的盐度效应（salinity effect），盐沼植被沿环境梯度呈现出不同的分布格局（Jiang 等，2014）。例如，在美国南佛罗里达盐沼湿地中，红树林（mangrove，*Rhizophora mangle*）与锯齿草（sawgrass，*Cladium jamaicense*）盐度效应的差异促使盐沼湿地呈现出盐生植被（halophytic vegetation）和甜土植被（glycophytic vegetation）两种稳态。

变化环境条件下生态系统会发生稳态的转变，从植被覆盖状态转向光滩状态，或从一种植物覆盖状态转向另一种植物覆盖状态。如气候变化背景下，海平面上升、风暴潮引起的土壤环境（如地下水盐度）改变，可能促使佛罗里达盐沼湿地中甜土植被向盐生植被转变（Jiang 等，2014）。因此，研究者认为，植被空间格局可以作为指示生态系统状态变化和系统稳定性的潜在指标（Alados 等，2003；Dakos 等，2009；Guttal 等，2008；Souza 等，2009）。一般系统论中经典的"小球"模型和分岔分析表明，系统稳定性下降增加了从一个状态突变到另一个状态的风险（McCann 等，2000；Scheffer 等，2001；Scheffer 等，2015）。其中，"小球"模型是系统理论中用于描述系统稳定性的一种形象化比喻，通过小球在能量势面上的运动来揭示系统在不同环境压力下从稳定状态到不稳定状态的转变过程。物理环境因子作为一种外界作用力，通过两种方式改变系统状态：一是直接改变系统的能量势面，增加"小球"的动量，使其更容易从一个状态转变到另一个状态；二是改变了环境因素-生物之间的相互作用关系，增加了状态突变的风险。多项研究发现，系统在接近临界点时普遍呈现出一种"临界慢化"现象，即当接近临界点时，系统从扰动中恢复的速度会变慢（Scheffer 等，2001；van Nes 等，2007）。因此，如何预测临界突变点是生态系统管理、保护和修复中的关键问题。

1.2.2 动植物交互作用过程影响下的植物空间格局及系统稳定性

除植物种内/种间互作关系外，自然生态系统中植物种群往往受到其他生物类群的影响，如植食动物、传粉生物、寄生生物等，形成植食作用、互惠共生、寄生等多种生态关系（Blois 等，2013），不同生态关系类型和互作关系强度在不同时空尺度上对植物种群动态和空间分布格局产生强烈影响。随着对植物种群空间格局认识的深入，研究人员逐渐认识到其他生物通过作用于植物-环境因子反馈作用进而影响植物分布格局，这种环境因素-植物-其他生物交互作用对植物分布格局和系统稳定的影响成为新的研究趋势，其中植食动物下行控制作用影响下的植物种群系统对外界环境胁迫的响应过程及系统稳定性方面的研究相对较多（van de Koppel 等，2000；van de Koppel 等，2002）。

长期以来，盐沼地区始终被认为是上行作用力控制的典型系统（Silliman 等，2013），但近十几年来越来越多的研究表明植食作用在驱动盐沼植被空间分布格局方面具有重要作用。Silliman 等在美国大西洋海岸带通过设置网笼来控制玉黍螺（*Littoraria irrorata*）对互花米草的植食作用，发现未用网笼封起来的互花米草对照区域迅速退化为光滩，而用网笼封起来的互花米草则没有受到玉黍螺植食作用的负面影响，依旧生长茂盛（Silliman 等，2002；Silliman 等，2003；Silliman 等，2001）。类似案例还有蟹类对盐沼植物的植食作用。蟹类-盐沼植物互作关系中，蟹类对植物地上、地下部分的摄食造成土壤底质暴露和植物根系断裂（Coverdale 等，2012；Holdredge 等，2009），直接打破植物-水动力原有反馈关系中的泥沙沉积-植物定植过程，降低了盐沼植物对土壤底质、泥沙的固着能力，增加了海岸侵蚀速率，使得盐沼植物在潮汐水动力作用下的定植能力急剧下降（Altieri 等，2013）。植食者将局部资源消耗殆尽后，通常在退化斑块边缘聚集形成取食前沿（consumer front），并继续向仍有植物存活的健康植物群落方向移动（Silliman 等，2013；Silliman 等，2005），导致盐沼植被退化面积进一步扩大。因此，在退化后的盐沼湿地中，植食作用往往被认为是阻碍盐沼植物自然恢复的重要原因（He 等，2019）。

尽管生态学家已逐渐认识到植食作用对盐沼植物种群的重要影响，但是系统中植物空间特征如何影响植食动物的空间分布，植食过程发生怎样的变化，这些影响和改变如何进一步决定系统弹性，仍有待明确。越来越多的证据表明，空间尺度上生物个体的移动扩散往往受到资源斑块大小、资源数量、被捕食风险以及生物社会行为的影响（Altwegg等，2013；Fronhofer等，2015；Geib等，2015）。与低质量生境相比，环境适宜或资源丰富的生境斑块能够容纳更多的消费者个体，然而过高的同种密度会提高消费者种内个体互作关系强度，提高消费者个体移动扩散速率，这种现象称为密度制约扩散（density-dependent dispersal，DDD）（Kun等，2006）。例如，对资源的激烈竞争促使生物个体向外迁出至其他区域，即正密度制约迁出（positive density-dependent emigration，＋DDE），而被捕食风险较高时生物个体向中心区域聚集以降低被捕食风险，即负密度制约迁出（negative density-dependent emigration，－DDE）（Zhang等，2017）。这两种迁出行为可以同时发生，亦可独立发生，取决于生物种类和当前环境条件（Cronin等，2020；Fronhofer等，2018；Harman等，2020）。密度制约扩散行为被认为是消费者种内互作关系影响下的一种适应性结果（Bocedi等，2014）。在生境适宜性介导的消费者移动扩散中，局部区域适宜性的改善增加了该区域的环境容纳量和消费者密度，反过来为更多消费者个体在其他竞争压力较小的地方定居提供了条件，减小了消费者迁出压力。从消费者角度来说，密度制约扩散策略在一定程度上通过促进个体迁移提高了消费者对生境的利用率，但对于植物种群来说，消费者对小斑块的摄食压力提高，增加了小斑块种群的灭绝风险，使得破碎化严重的植物种群系统更容易崩溃（Schneider等，2015）。

相比之下，传粉过程影响下的植被格局及系统稳定性方面的研究较少，大多集中在种群动力学的理论研究上（Holland等，2010；Holland等，2002）。在植物-传粉者交互作用关系和种群动态研究中，通常把植物-传粉者共生关系视作消费者-资源关系（Jones等，2012；Revilla等，2015）。Revilla等利用Lotka-Volterra竞争模型，模拟了两种植物和一种传粉者组成的系统中，传粉者非适应性（non-adaptive）与适应性（adaptive）觅食策略对两种植物共存状态的影响。其中，适应性觅食策略是指传粉者通过不断调整觅食策略以最大限度地提高其适应性。模拟结果发现，传粉者非适应性觅食策略下植物仅能在弱竞争（如空间、资源、养分等）条件下实现共存，而传粉者适应性觅食策略对植物共存表现出两种不同的影响，最终群落状态取决于传粉者种内竞争作用强度：如果传粉者个体之间对资源竞争较弱，那么适应性觅食策略将促使传粉者对高报酬植物（more profitable plant）进行特化传粉（specialization），加剧了两种植物之间的不对称竞争，降低植物共存可能性；如果传粉者之间竞争作用较强，适应性觅食策略将促使传粉者进行泛化（generalism）传粉，有利于植物共存。这种适应性觅食策略使得传粉者在偏好植物突然消失时仍能存活，降低了整个群落突然崩溃的风险（Revilla 等，2016）。

消费者-资源交互作用中，资源能够增加消费者种群增长率，消费者同步改变并消耗资源的有效性和数量（Anderson 等，2006；Lafferty 等，2015）。因此，在植物-传粉者互惠共生关系中，消费者（即传粉者）种群的内禀增长率及由此产生的多度分布，均受到可利用资源数量（即植物花朵资源）的限制，资源数量的不断消耗又间接调节了消费者的种内、种间互作关系方向和强度（McPeek 等，2019）。资源数量和同种密度的变化造成消费者取食率的改变，使得消费者表现出不同的功能响应（Ivanov 等，2017），反过来又对资源数量和分布产生影响。Revilla 等进一步结合传粉者对植物密度的功能响应过程以及植物种间竞争过程，模拟了两种植物（P1、P2）和两种传粉者（A1、A2）组成的系统中传粉者觅食偏好对植物共存的影响，结果发现传粉者适应性觅食策略导致了植物群落中单一植物状态和两种植物共存状态之间的状态突变，即随着传粉者 A1 密度的增加（另一种传粉者 A2 的密度始终不变），P2 植物种群发生滞后现象（hysteresis）：当 A1 密度达到 11.7 时，P2 植物由于传粉关系（P2-A2 共生关系）的丧失而被竞争出局，只有当 A1 密度下降至 8.7 时，P2 植物才能达到种群恢复突变点（Revilla 等，2018）。在植物-传粉者-植食者组成的系统中，植物种群动态与消费者（包括传粉者和植食者）适应性觅食策略之间的反馈作用驱动了植物共存状态：当消费者专一取食（包括植食作用和传粉作用）一种植物时，低消费者数量下两种植物以双稳态形式实现共存；随着消费者数量增加，泛化消费者（generalism）逐渐增多，通过平衡植物之间的拮抗（antagonistic effect）和互惠效应（mutualistic effect），促进群落中植物共存（Revilla 等，2021）。

虽然上述关于传粉者觅食策略介导的植物种间关系和系统稳定性研究仍局限在种群动力学层面的理论分析上，缺乏实证检验，也缺少空间尺度上植物-传粉者互作关系的探讨，但是相关分析结果明确揭示了传粉者觅食行为策略对植物种群动态和系统稳定性的重要作用。因此，我们可以通过分析资源异质性分布对消费者响应机制和移动机制的影响，探讨传粉者对植物资源的响应过程和移动规律，从而揭示传粉者与植物之间的交互作用关系和空间分布格局。

1.2.3 植物-传粉者交互作用机制研究

自然界中，植物固着生长的习性使得花粉传递过程有赖于一定的传播媒介。在已知的 25 万余种开花植物中 85％以上是通过动物传播花粉，如昆虫、蜂鸟、蝙蝠等（Aizen 等，2014；Williams 等，2013），其中仅蜜蜂就占全世界传粉生物种类数的 10％以上（Kearns 等，1998）。植物-传粉者交互作用关系（plant-pollinator interaction）构成了陆地生态系统绝大多数开花植物有性生殖的基础（Balvanera 等，2005）。进化过程中，植物为传粉者提供访花酬物，如富含糖的花蜜、富含蛋白质的花粉以及其他物质，传粉者获取资源的同时完成植物的花粉传递过程，植物与传粉者在漫长的进化过程中形成的互惠共生关系（mutualism）成为被子植物进化的重要推动力（张红玉，2005a，2005b）。因此，如何吸引传粉者访花以完成传粉过程是建立植物-传粉者互惠共生关系的关键。

自然界中，植物往往通过开花展示（flower displays）和释放花朵挥发物（floral volatile organic compounds）来吸引传粉者访花。传粉生态学研究中多集中于以视觉信号为主的花朵展示（flower displays）对传粉昆虫的吸引，如斑点或线条（Navarro-Perez 等，2017）、花朵大小或颜色（Grindeland 等，2005；Raguso 等，2008）等，但越来越多的研究证实了花朵挥发物在吸引传粉昆虫过程中的重要作用，尤其是在变化的环境条件下（Burkle 等，2017；Golding 等，1999；Kessler 等，2008；Morse 等，2012；Riffell 等，2013）。植物的花朵挥发物（flower volatiles）是花朵释放的次生代谢产物，它由许多分子量较低（30～300）、易挥发的化合物混合而成，是植物的重要特征之一（Knudsen 等，2006；Pichersky 等，2000）。植物吸引传粉昆虫的过程中，花朵挥发性有机物以不同成分、不同比例的组合赋予每种植物独特的气味，从而建立起植物与传粉者之间更为可靠的共生关系，尤其对吸引远距离的传粉者来说（Dudareva 等，2006；Jamieson 等，2017；Schiestl 等，2015）。

花朵挥发性有机物作为植物的次生代谢产物，外界环境的胁迫因素无论是作用于植物代谢途径以此影响所释放挥发物的成分及含量，抑或是作用于挥发物扩散过程，都会进一步影响传粉者的觅食行为（Pan 等，2017；Rinnan 等，2014）。Burkle 等对 4 种草甸植物进行不同程度的干旱胁迫和植食作用胁迫处理，结果表明不同胁迫下植物挥发物的成分和含量发生显著变化，将受胁迫植物置于自然环境中发现，受环境胁迫植物吸引的传粉者数量显著下降（Burkle 等，2016）。水分有效性变化可能会通过传粉者对花朵引诱物响应的不同而影响植物-传粉者交互作用关系：随着干旱胁迫程度的增加，植物生物量、传粉者数量、种子产量均表现出不同程度的下降趋势，同时土壤湿度下降会影响花蜜、花粉的数量和组成，以及其他花朵挥发物的释放和成分，进而影响植物吸引传粉者的能力（Gallagher 等，2017）。盐胁迫下，植物因遭受渗透胁迫、离子毒害和营养缺乏生长受抑制，导致植物生物量、花序重量显著下降（肖燕等，2011）；盐胁迫同时作用于植物生理代谢过程，会改变植物花朵挥发物中各物质组成比例和释放量，如萜烯类物质含量增加而醛类、醇类物质含量降低（Koksal 等，2015），使得传粉者传粉效率降低。通过构建花朵挥发物扩散模型，可以模拟不同挥发物浓度下挥发物空间扩散特征，从微观角度研究传粉者对花朵挥发物扩散的响应机制。有研究表明，由大气污染造成的植物花朵挥发物的大量降解和变化，使得挥发物扩散距离急剧缩小（McFrederick 等，2009；McFrederick 等，2008），传粉者定位挥发物羽流的成功率显著下降，植物-传粉者互作关系变得更加脆弱（Fuentes 等，2016）。

外界环境条件引起的花朵挥发物扩散变化，通过改变传粉者觅食成功率对随后的植物繁殖成功率和种群动态产生影响。传粉者对植物密度的响应塑造了植物-传粉者系统中植物种群动态。通常来说，开花植物密度的增加有助于吸引更多数量的传粉者访花（Ghazoul 等，2005）。模型研究和野外试验表明，传粉者对植物密度的响应机制主要有聚集反应（Feldman 等，2004）、功能反应（functional response）、授粉质量改善以及数值响应四种（Moeller 等，2004）。植物-传粉者交互作用系统中，往往多种响应机制共同发生，使得植物-传粉者交互作用机制变得愈加复杂。Feldman（2006）研究发现，整个传粉者群落对植物密度的聚集反应和功能反应均表现出饱和型功能反应而非 S 形，表明植物密度增加时传粉者响应并不会加速。传粉者对植物密度的聚集反应和功能反应的综合作用，影响了其对单个植物的访问，从而影响个体植株种子产量。其结果是，与中等密度相比，更高密度下植物的繁殖成功率下降。这是因为，随着斑块密度的增加，对斑块和斑块内花朵访问数量的增加与对个体植物访问的下降，这两种相反的作用力都会潜在地改变植物繁殖成功率，导致高密度斑块中个体植物或花朵可能实际上受到较少的访问（Feldman等，2004）。

资源异质分布环境中，传粉者对植物的访问还受到传粉者个体移动行为的影响。受环境微气候（如温度、湿度等）、花朵资源质量和数量、资源可及性（accessibility of resources）、传粉者行为特征（如恐新症，neophobia）和其他传粉者个体存在的影响，传粉者往往表现出密度制约的觅食行为偏好（Rands 等，2010）。这种密度制约的觅食选择行为避免了传粉者对植物资源的过度消耗，同时防止互惠关系中的植物-传粉者之间正反馈作用引起的种群无限增长，有助于维持互惠共生关系稳定（Holland 等，2006）。前人研究发现，在消费者-资源种群动力学模型中综合考虑饱和功能响应和密度制约效应，模拟发现饱和功能响应增加了消费者对资源的竞争能力范围，种内密度制约效应允许更多消费者在平衡点达到共存（McPeek 等，2019）。植物-传粉者互作系统中，种内密度制约效应下传粉者数量的增加，意味着植物能接受更多的传粉者访花，有助于提高植物种群繁殖力。上述控制试验和模拟分析结果明确了变化环境中植物花朵挥发物组成及空间扩散特征的改变对传粉者觅食和植物-传粉者互作关系的重要影响，揭示了密度制约效应影响下传粉者和植物种群的动态变化规律，但是对空间尺度上挥发物介导的、密度制约效应影响的传粉者移动扩散过程仍然缺乏了解。

1.3　值得进一步研究的关键问题

1.3.1　待研究的内容及其价值

黄河三角洲地区风沙活动频繁、温湿度变化幅度大，恶劣、多变且不可预测的环境条件对柽柳的开花过程及传粉者的活动产生十分不利的影响。近几十年来，以港口建设、筑堤修路、盐田兴建、水产养殖等为代表的围填海活动，加速了盐沼湿地生态系统的生境破碎化和斑块化，对拥有不同传粉媒介的滨海湿地植物花粉流动过程产生了不同影响。岸线蚀退、潮沟河流水系的中断主要影响水媒植物花粉传递过程，而生境破碎化对虫媒植物及其传粉者的生存和繁殖的影响更大（Ferreira 等，2013；Traveset 等，2018），尤其是传粉效率极高但对生境变化极敏感的蜜蜂（Cameron 等，2020；Jauker 等，2009）。因此，环境因素-柽柳反馈作用下的柽柳分布格局研究中，势必要考虑传粉者在柽柳种群繁殖中的重要作用，明确柽柳-传粉者交互作用影响下环境胁迫因素-柽柳的反馈作用机制，这是柽柳种群分布格局研究中极其重要且必不可少的组成部分。

面对越来越复杂的人类活动和气候变化的叠加效应，以及盐沼地区柽柳种群不断退化的现实情况，亟待从机制层面深入开展柽柳种群分布格局研究。考虑传粉者在柽柳花粉传递和种子产生过程中的关键作用，量化传粉者觅食过程中移动扩散行为对柽柳产种量的影响，明确传粉者影响下环境胁迫因素-柽柳种群的反馈作用机制，建立耦合环境因素-柽柳反馈过程和柽柳-传粉者交互过程的柽柳种群空间动态模型，进一步揭示黄河三角洲地区柽柳种群分布格局变化机制，提出面向柽柳种群持续性和系统稳定性维持的保护策略，对黄河三角洲典型盐沼植物柽柳种群的恢复重建和盐沼湿地生态系统保护管理具有重要理论价值和实践意义。

现有关于盐沼湿地植被格局和系统稳定性的研究表明，盐沼植被空间分布格局和演替规律是植物个体之间（如种内/种间竞争-促进关系）相互作用、植物-物理环境因素（如水动力、泥沙沉积、土壤盐度等）反馈作用的结果。也有研究报道了植食动物下行控制作用通过改变植食者移动速率和摄食率，影响植物个体互作过程和植物-环境反馈过程，从而驱动空间尺度上盐沼植被分布格局和系统稳定性发生变化，但是相关研究鲜少考虑传粉者传粉过程对植物繁殖、种子扩散和定植的影响。特别是，植物资源异质性分布条件下，传粉者移动扩散规律是什么？耦合植物-传粉者交互过程、植物-环境因素反馈过程、植物种子扩散和个体生长过程后，植物种群空间格局和系统稳态将如何响应？考虑植物-传粉者互作关系中传粉者移动扩散行为将提高植物种群和群落系统在恶化环境中的弹性，还是使系统更易崩溃？这些问题仍不清楚。

黄河三角洲盐沼湿地中，典型盐沼植物种群和群落沿土壤环境梯度呈带状分布格局，其中土壤盐度是影响植被空间分布的重要因素。已有基于植被-土壤反馈、种子扩散和植物种间互作过程的植被空间格局模型发现，盐沼植被（以芦苇、柽柳和翅碱蓬为例）空间格局受到柽柳产种量的显著影响（齐曼，2017），而柽柳作为典型的虫媒植物，高度依赖传粉者（主要包括蜜蜂和食蚜蝇）完成花粉传递和受精产种过程，那么传粉者觅食过程如何受到柽柳花朵挥发物的影响？密度制约效应下传粉者移动扩散如何响应资源（如柽柳花朵）异质性分布的空间格局，又对柽柳种群繁殖力产生怎样的影响？外界扰动作用下，柽柳-传粉者交互作用使得柽柳种群和盐沼植被的空间格局和系统弹性得以维持，还是更易崩溃？这些问题尚未得到科学阐释。

1.3.2 拟解决的关键科学问题

一直以来，对盐沼植物柽柳种群分布格局的研究往往侧重于环境梯度上柽柳种群适应性和植被种间关系的改变，极少关注传粉者在柽柳种群分布格局中的作用，特别是传粉者对柽柳繁殖成功率的影响。自然界中植物与传粉者的交互作用作为一种典型的消费者-资源关系，传粉者如何响应柽柳种群密度变化、表现出何种功能反应，传粉者觅食行为、空间分布如何影响柽柳种群繁殖力及其空间分布，更进一步，柽柳-传粉者交互作用下传粉者移动扩散过程如何影响环境-柽柳反馈关系，并在大尺度上决定柽柳种群空间分布格局，这是深入研究柽柳种群格局中至关重要的问题。因此，传粉者移动扩散过程影响下的柽柳种群空间格局形成机制是本书探讨的关键科学问题（图 1-2）。

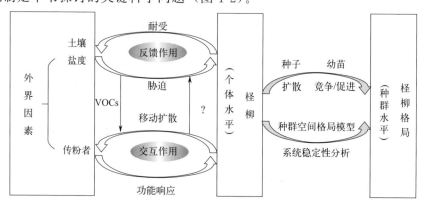

图 1-2 环境因子-柽柳-传粉者交互作用机制框架图

1.4 本书研究目标与内容

1.4.1 研究目标

① 阐释黄河三角洲地区环境因素-柽柳反馈作用机制和柽柳-传粉者交互作用机制，明确柽柳及其传粉者的空间分布规律，通过柽柳种群空间格局模型构建，探究传粉作用影响下黄河三角洲柽柳种群系统弹性变化机制。

② 从系统非线性响应机制角度，明确生境破碎化背景下柽柳种群系统稳定性维持阈值范围和不同强度人工修复措施下柽柳种群动态变化规律，提出面向柽柳种群系统稳定性维持的柽柳种群保护阈值，为黄河三角洲盐沼湿地柽柳种群的恢复重建提供理论支撑和科学依据。

1.4.2 研究内容

分析黄河三角洲典型盐沼植物柽柳种群空间格局的时空变化特征，明确环境因素-柽柳反馈作用机制和柽柳-传粉者交互作用机制，结合柽柳花朵挥发物介导的传粉者觅食成功率、传粉者与植物密度的功能响应关系、传粉者移动扩散策略，构建传粉者移动扩散模型，量化传粉者影响下柽柳种群繁殖力空间分布规律，耦合环境因素-柽柳反馈过程、种子扩散及个体生长过程，进而开发黄河三角洲柽柳种群空间格局模型，从非线性复杂系统角度分析不同外界扰动影响下柽柳种群系统应对外界扰动的弹性阈值。

（1）环境因素-柽柳-传粉者互馈作用机制研究

明确盐沼湿地中影响柽柳种群分布及扩散的关键环境因子，研究基于个体尺度的环境因素-柽柳反馈作用机制、柽柳-传粉者交互作用机制。

通过黄河三角洲历史遥感影像数据和无人机载激光雷达航测，掌握黄河三角洲柽柳种群空间分布格局的历史演变规律，识别盐沼湿地中典型柽柳种群的空间分布格局，明确黄河三角洲柽柳种群时空变化特征；考虑传粉者在柽柳花粉传递和结实产种过程中的重要作用，量化不同柽柳密度下土壤环境因素和柽柳开花特征变化规律，以及传粉者访问和柽柳繁殖力响应关系，分析环境因素-柽柳-传粉者互馈作用机制。

（2）环境因素-传粉者共同作用下柽柳种群空间格局模型

在环境因素-柽柳-传粉者互馈作用机制研究的基础上，耦合环境因素-柽柳反馈过程和柽柳-传粉者交互过程，构建柽柳种群空间格局演化模型。

基于传粉者对柽柳密度功能响应过程、传粉者移动扩散过程，构建花朵挥发物介导的、密度制约的传粉者移动扩散模型；耦合环境因素-柽柳反馈过程、柽柳-传粉者交互过程、柽柳种子扩散及幼苗生长过程，构建环境因素-传粉者共同作用下柽柳种群空间格局模型；对比分析环境因素-柽柳-传粉者系统和环境因素-柽柳系统，阐明柽柳-传粉者互惠共生关系对柽柳种群空间格局和系统稳定性的影响；考虑小时空尺度过程间的非线性相互作用关系，从复杂系统角度分析外界局部扰动下柽柳种群系统稳定性变化规律和系统弹性适应机理。

（3）外界扰动影响下柽柳种群系统稳定性分析

多情景模拟预测不同扰动活动类型和强度对盐沼湿地柽柳种群空间分布格局的影响，分析外界扰动条件下柽柳种群系统弹性响应规律和阈值范围。

选择生境破碎化作为典型人类活动扰动类型，模拟不同程度生境破碎化对柽柳种群系统稳定性的影响，明确柽柳种群系统的失稳阈值范围。以柽柳种群修复中常用的人工移栽、控盐降盐修复手段为扰动类型，设置不同保护阈值和不同环境变化梯度，模拟不同修复强度下柽柳种群系统动态变化规律，提出修复实践中柽柳种群保护阈值。

第 2 章

黄河三角洲盐沼湿地柽柳种群时空变化特征

本章将结合历史遥感影像解译、无人机载激光雷达航测和野外监测试验，对黄河三角洲地区柽柳种群时空分布特征进行分析，明确黄河三角洲柽柳种群历史演变规律，探讨不同尺度上柽柳种群空间格局形成机制（图2-1）。

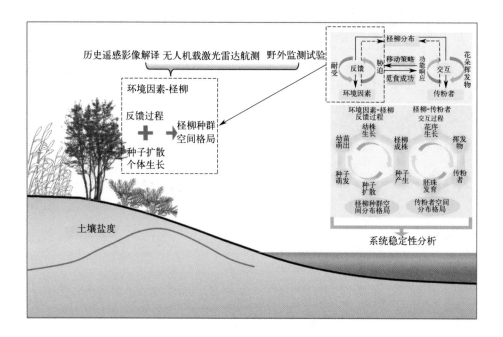

图2-1　本章研究框架

2.1　研究区概况

2.1.1　地理位置及气候特征

黄河三角洲（37°35′～38°12′N，118°33′～119°20′E）位于山东省东营市境内，地处渤海湾南岸和莱州湾西岸，是我国保存最完整、最典型、最年轻的滨海湿地生态系统（王凯等，2016）。黄河三角洲是由黄河携带大量泥沙填充渤海凹陷成陆的海相沉积平原，地势平坦，海拔高程低于15m，海岸线全长350km，面积达5450km^2（张晓龙等，2005）。

黄河三角洲地区属温带季风性气候，四季分明，光照充足，夏季高温多雨，冬季寒冷干燥。根据1956～2020年气象监测数据（东营站，http：//data.cma.cn/），65 年间黄河三角洲年平均气温 11.49～14.77℃，平均 2min 风速 1.85～4.45m/s。从气象数据整体变化趋势看，65 年间黄河三角洲地区气温不断升高，而平均风速呈下降趋势。以 1956～2020 年每年 5～8 月（柽柳主要花期）为例，65 年间 5～8 月平均气温由 23.43℃上升至 26.20℃，平均 2min 风速由 4.73m/s 下降至 1.90m/s（图 2-2）。2016～2020 年，平均 2min 风速为（1.99±0.11）m/s，比 1956～1960 年同期下降 2.52m/s（55.88%）；平均气温和最高气温分别为（26.77±

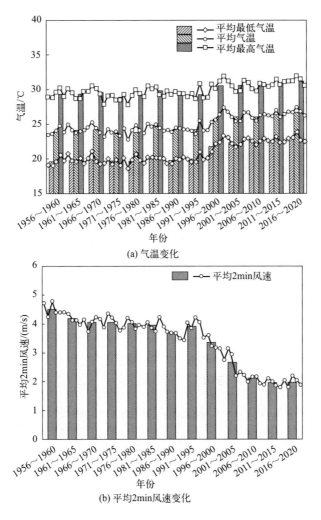

(a) 气温变化

(b) 平均2min风速变化

图 2-2 1956～2020 年间黄河三角洲 5～8 月气象条件

（数据源：中国气象数据网）

0.09)℃和（31.25±0.09)℃，分别比 1956～1960 年上升 2.85℃
(10.65％) 和 1.95℃(6.24％)。全球气候变化是造成本地气温上升、风
速下降的原因之一（王峰等，2019）。黄河三角洲地区多年年降水量为
336.20～1112.10mm，降水量年际差异较大，60％～70％集中在夏季；
多年平均蒸发量为 1900～2400mm；多年平均日照时数为 2590～2830h,
全年无霜期长达 211d（郭宇等，2018）。

河流输入、降雨以及与开放海域的水体交换使得大量营养物质沉积在这
一区域，为生物的生长、繁殖和迁徙创造了良好的栖息环境，使得黄河三角
洲成为东亚至澳大利亚、东北亚内陆和环西太平洋鸟类迁徙的重要中转站、
越冬地和繁殖地，具有重要的生态价值和保护意义（张晓龙等，2010）。

2.1.2　盐沼湿地水文特征

黄河三角洲处于陆海作用的关键过渡区，受咸水-淡水交互、地表水-
地下水交互作用的共同影响，在黄河特有水沙条件和渤海弱潮动力环境的
共同作用下，造就了黄河三角洲独特的湿地生态系统。陆海交互作用下，
由陆向海方向上呈现为高程、土壤盐度梯度分布（图 2-3）(贺强等，2010)。
黄河三角洲地区水文时空分布具有年际变化剧烈、年内分配不均、地域分
布不等的特征。受降水及下垫面因素的影响，地表水资源的分布趋势与降
水量空间分布趋势基本一致，由南向北递减（林琳等，2012）。

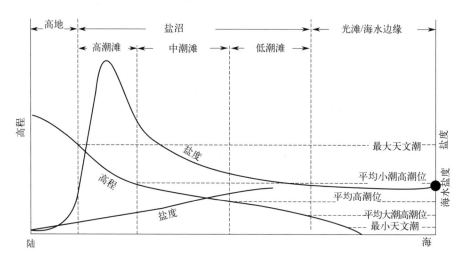

图 2-3　由陆向海方向上沿高程梯度滨海湿地生境类型及两种盐分梯度分布模式

（单峰型和渐变型）（贺强等，2010）

上游来水量、来沙量是影响黄河三角洲盐沼湿地形成和发展的最重要因素。近年来，黄河流域各省区农业工业生产用水、城乡居民生活用水和基本生态用水的大幅度增加，上游生态环境恶化引起的断水断流，以及自然因素的影响，导致黄河入海径流量持续降低（李凡等，2001）。根据利津水文站实测资料，1950~2005 年间进入黄河三角洲的河流径流量以每年 $5.48 \times 10^{12} \, \mathrm{m}^3$ 的速度在减少（李胜男等，2009），输沙量、含沙量整体上也呈持续减少的变化趋势。2002 年小浪底水库调水调沙后，利津站年径流量、输沙量有所增加，但增加幅度相对较小，含沙量相对稳定（郭宇等，2018）。

2.1.3 盐沼植被空间分布特征

黄河三角洲地区盐沼湿地景观格局受到陆海动力交替作用下陆相径流和海相潮流水文过程的影响，其中，土壤水盐含量、潜水水位与矿化度、地形地貌类型对黄河三角洲地区盐沼植被空间分布的影响较大（赵西梅等，2017）。在周期性或间歇性地受海洋咸水体、半咸水体影响下，盐沼湿地由海向陆形成了梯度分布的水盐条件格局（贺强等，2009），直接驱动了芦苇（*P. australis*）、柽柳（*T. chinensis*）、翅碱蓬（*Suaeda salsa*）等典型盐沼植被带状分布格局的形成及正向演替（图 2-4）（He

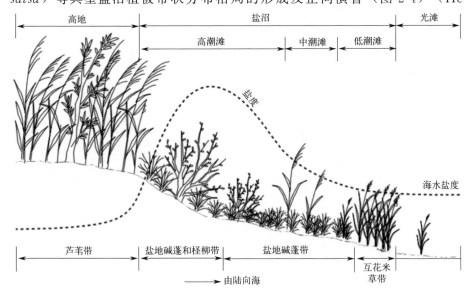

图 2-4 黄河三角洲地区典型盐沼植被带状分布格局（贺强等，2010）

等，2015；Wilson 等，2015）。其中，近岸（包括河岸、海岸）盐沼植被主要受潮流的影响，而高地（upland）盐沼植被受水、盐交互作用影响较大（王雪宏等，2015）。

然而近几十年来，由于港口建设、水产养殖、筑堤修路等围填海活动不断加剧，上游来水量减少引发河流水系中断，外来生物将本地种原有生境侵占，以及气候变化背景下风暴潮频发、加重，黄河三角洲盐沼湿地破碎化和斑块化加剧，水文连通和生物连通过程阻断，自然湿地严重丧失（陈琳等，2017）（图 2-5），同时改变了盐沼湿地原有植物种群互作关系和分布格局（Feng 等，2018）。自 20 世纪 60 年代以来，天然草地面积减少 15％以上，翅碱蓬面积累计减少了 78％，柽柳等灌丛面积减少了 75％，特别是刁口河故道区域，柽柳林分布面积减少超过 90％，而在整个黄河三角洲地区柽柳和翅碱蓬面积减少 68％以上（刘康等，2015）。

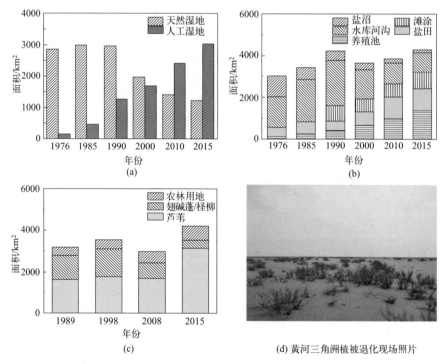

图 2-5　黄河三角洲地区盐沼湿地面积和格局破碎化日益严重

［数据源：（a）和（b），陈琳等，2017；（c），裴俊等，2018；（d），作者拍摄于 2019 年 4 月 22 日］

2.1.4 典型盐沼植物柽柳及其常见传粉者

柽柳是盐沼湿地中为数不多的虫媒植物，传粉谱系较宽，具有自交亲和性（陈敏等，2012），但缺乏自花传粉的机制，不能进行风媒传粉，也没有无融合生殖，因此柽柳在整个花期中主要借助昆虫来完成传粉过程（白生才等，2006）。黄河三角洲地区，柽柳盛花期为每年 5～8 月，是传粉者传粉的主要时间段，传粉者授粉后 15d 左右柽柳种子成熟并释放。柽柳种子轻且小，具有表皮毛，通常以风力、水力为媒介进行扩散。

柽柳开花时能分泌蜜汁，是重要的蜜源植物，昆虫以花蜜、花粉为访花酬物，访花的同时携带并传播花粉（Wiesenborn 等，2008）。柽柳属植物的访花昆虫主要包括膜翅目、双翅目、鳞翅目、鞘翅目（图 2-6，书后另见彩图），如蜜蜂类［意大利蜜蜂（Apis melliferaligustica）、姬蜂（Ichneumon sp.）］、食蚜蝇类［棕环瘦食蚜蝇（Syritta pipiens）、黑带食蚜蝇（Episyrphus balteatus）、大灰食蚜蝇（Metasyrphus corollae）、印度食蚜蝇（Sphaerophoria indiana）、宽尾细腹食蚜蝇（S. rueppelli）］、蝇类［种蝇（Delia platura）、家蝇（Musca domesticavicina）］、蝶类［菜粉蝶（Pieris rapae）］、甲虫类［金龟子（Cetoniidae）］等（王仲礼等，2005）。柽柳传粉者种类、访花频率受植物种类、开花数量、天气、季节等因素影响较大。

(a) 柽柳总状花序

图 2-6

(b) 柽柳常见传粉者

(c) 柽柳种子

图 2-6　黄河三角洲柽柳花序、种子及其常见传粉者

（照片来源：作者拍摄于 2017 年 6 月 1 日）

2.2　黄河三角洲柽柳种群空间格局历史演变规律

2.2.1　黄河三角洲历史遥感影像收集与处理

本研究以 Landsat 5 TM/OLI 数据（1990～2014 年）和 Landsat 8 OLI 数据（2015～2020 年）为影像数据源，选用黄河三角洲地区 5 月末至 6 月初的遥感影像，原因如下：此时农田（以稻田为主）水稻尚未插秧或刚播种，翅碱蓬（*S. salsa*）刚萌发，但此时柽柳已经开始第一波花期（粉红色），从颜色上比较容易区分；柽柳与互花米草（*S. alterniflora*）分布区距离较远，从距离上也能够分离；芦苇（*P. australis*）、白茅（*Imperata cylindrica*）等植物往往与柽柳混生形成群丛，特别是在黄河沿岸地区，考虑到本研究目标为明确柽柳种群分布的年际变化，因此，仍将此类以柽柳为优势种的混生群丛定义为柽柳分布区。

通过筛选无云层遮挡的影像（云量≤20%），最终选用 1990 年 6 月 16 日、1995 年 5 月 29 日、2000 年 6 月 11 日、2005 年 5 月 8 日、2010 年 6 月 7 日、2015 年 6 月 5 日和 2020 年 5 月 17 日的 Landsat TM/OLI 影像作为黄河三角洲盐沼湿地分类数据，并通过地理空间数据云官方网站进行下载。其中 1990～2010 年 Landsat 5 TM/OLI 数据的空间分辨率为 30m，2015～2020 年 Landsat 8 OLI 影像数据经过多光谱和全色波段影像融合后数据空间分辨率为 15m。使用 ENVI 5.3 对影像进行辐射定标 (radiometric calibration) 以消除传感器本身产生的误差，使用大气校正 (FLAASH atmospheric correction) 以消除大气散射吸收反射引起的误差，其中大气校正中通过全球 90m 分辨率 DEM 计算得到黄河三角洲地区平均高程为 1.6m，得到地表反射影像数据用于土地利用类型分类。

影像包含的地物共分为 4 类，包括柽柳分布区、人工用地、潮滩、水域。其中，人工用地包括农田、油井平台、居民区、厂房和堤坝道路，潮滩包括滩涂、翅碱蓬分布区和互花米草分布区，水域包括河道/水渠、湖泊、水塘、养殖池、潮沟和海域。使用 1990 年遥感影像选择训练样本，其中柽柳分布区样本 72 个、人工用地样本 169 个、潮滩样本 55 个、水域样本 176 个。此后对 1995～2020 年的影像数据做地物分类时，基于该训练样本，根据当年各地物类型的实际分布情况进行微调。训练样本的选择基于表 2-1 中对应关系（书后另见彩表）。

表 2-1　研究区域典型地物遥感解译标志

地物类型		多光谱解译标志（Landsat 8）	现场照片
柽柳分布区	柽柳		
	柽柳-白茅群丛		

地物类型		多光谱解译标志 （Landsat 8）	现场照片
柽柳分布区	柽柳-芦苇群丛		
人工用地	农田		
	油井平台		
	居民区		
	厂房		
	堤坝道路		
潮滩	滩涂		
	翅碱蓬分布区		

地物类型		多光谱解译标志 （Landsat 8）	现场照片
潮滩	互花米草分布区		
水域	河道/水渠		
	湖泊		
	水塘		
	养殖池		
	潮沟		
	海域		

注：上述遥感解译标志的判断依据为作者野外调研经验及现场照片，并参考王霄鹏(2014)的研究结果。

采用最大似然法（maximum likelihood method）对地物类型进行分类。在 Google Earth 软件中通过建立混淆矩阵对结果进行精度评价，结果显示，黄河三角洲 7 个时段土地利用类型图的 Kappa 系数均在 0.85 以上，满足中分辨率遥感影像精度要求。历史遥感影像解译结果显示，黄河三角洲地区柽柳种群主要分布在黄河两岸的高地和陆上区域。从不同类型土地利用变化规律来看（表2-2），1990～2020年黄河三角洲地区柽柳种群分布范围和面积逐年减少，平均每年减少1.69%（约10.80km²）。人工用地呈现先增加后减少的趋势，增加面积在于农田、居住区、油井扩张，特别是黄河以南区域，而2005年以后人工用地有所减少，原因在于黄河故道和东营港附近、五号桩以南地区养殖池和盐田建设面积的增加。潮滩面积波动下降，主要是由于黄河故道以西地区、黄河南岸滨海大道向陆一侧养殖池和盐田建设。水域面积逐渐增加，平均每年增加14.08km²，主要是盐田、养殖池、河道/水渠增加。

将整个黄河三角洲划分为保护区北区（主要为一千二管理站）、保护区南区（主要为黄河口管理站和大汶流管理站）和非保护区三个区域，从不同区域看（表2-2），保护区北区柽柳平均每年减少2.01%（约2.11km²），保护区南区柽柳平均每年减少1.36%（约3.82km²），非保护区柽柳平均每年减少1.91%（约4.86km²）。保护区北部柽柳种群分布面积减少的原因在于盐田、养殖池等水域面积的增加，包括2010年开始的通过刁口流路向一千二湿地进行的8次生态补水（裴俊等，2018）。保护区南部柽柳种群分布面积减少的原因在于农田、居住区、油井扩张等人工用地的增加，以及养殖池、湖泊等水域的增加，包括2008年开始通过清水沟流路向黄河口湿地进行的10次生态补水（裴俊等，2018）。非保护区内柽柳种群分布面积减少的原因主要在于孤东油田开发利用、东营港港口建设。

表2-2　7个时期（1990～2020年）黄河三角洲土地利用类型变化

土地利用类型		年份						
		1990	1995	2000	2005	2010	2015	2020
柽柳 /km²	N	77.45	57.85	39.16	51.44	14.05	14.10	14.13
	S	228.72	196.74	145.80	136.52	164.34	136.28	114.13
	Non	190.69	219.20	167.94	141.19	78.50	38.19	44.88
	Total	496.86	473.79	352.90	329.15	256.89	188.58	173.14
人工用地 /km²	N	91.07	74.04	77.57	100.16	121.56	106.74	65.71
	S	170.24	226.11	266.11	295.72	281.62	201.24	211.47
	Non	423.61	359.30	439.97	603.12	450.83	418.04	378.93
	Total	684.91	659.44	783.66	999.00	854.01	726.02	656.11

土地利用类型		年份						
		1990	1995	2000	2005	2010	2015	2020
潮滩/km²	N	108.35	129.69	118.43	95.75	80.22	118.98	120.63
	S	243.38	355.27	356.41	288.23	241.80	374.11	345.35
	Non	339.89	392.40	326.42	200.31	141.66	211.04	156.71
	Total	691.62	877.35	801.26	584.29	463.68	704.13	622.69
水域/km²	N	95.46	110.75	137.16	124.97	156.49	132.49	171.84
	S	310.91	175.13	184.92	232.77	265.49	241.59	282.27
	Non	913.46	896.76	933.32	923.04	1196.66	1200.46	1287.22
	Total	1319.83	1182.64	1255.40	1280.78	1618.65	1574.55	1741.33

注:N 表示保护区北区;S 表示保护区南区;Non 表示非保护区;Total 表示黄河三角洲总面积。

2.2.2　不同历史时期柽柳种群空间格局

为考察黄河三角洲地区不同历史时期内景观尺度（landscape scale）上格局演变规律和斑块类型尺度（class scale）上各地物类型的空间分布格局演变规律，使用 Fragstats v4.2 软件计算各历史时期两种尺度上的景观格局指数变化规律，并采用移动窗口法（网格边长为 600m）计算景观指数空间分布特征。景观尺度上，计算斑块密度（patch density，PD）、周长面积分维数（perimeter-area fractal dimension，PAFRAC）、香农多样性指数（Shannon's diversity index，SHDI）、香农均匀度指数（Shannon's evenness index，SHEI）和聚集指数（aggregation index，AI）。斑块类型尺度上，计算 4 种地物类型的斑块密度（PD）、斑块占景观面积的比例（percentage of landscape，PLAND）、各斑块类型的最大斑块指数（largest patch index，LPI）、分离指数（splitting index，SPLIT）和聚集指数（AI）。各景观指数释义如下：

① PAFRAC∈(1,2)，趋于 1 表示形状越来越规则，趋于 2 表示形状越来越复杂。

② SHDI≥0，SHDI 为 0 表示景观只有一种斑块，SHDI 数值增大表示斑块类型增加或者各类型斑块在景观中呈均衡分布。

③ SHEI∈(0，1)，SHEI 为 0 表示景观只有一种斑块，SHEI 为 1 表示斑块均匀分布且有最大多样性。

④ AI∈(0，100)，趋于 0 表示最不聚集，趋于 100 表示聚集度最高。

⑤ PLAND∈（0，100），趋于 0 表示该类型斑块稀少，趋于 100 表示该景观由一类斑块组成。

⑥ LPI∈（0，100），有助于确定景观中优势斑块，反映人类活动的方向和强弱。

⑦ SPLIT 为同一类型斑块中不同斑块之间的分离指数，从斑块大小和数量角度识别斑块破碎或分解的程度，与斑块形状、位置和空间配置无关。

1990～2020 年黄河三角洲地区景观指数统计结果显示（图 2-7），30 年间，黄河三角洲周长面积分维数（PAFRAC）、景观内斑块香农多样性指数（SHDI）和香农均匀度指数（SHEI）显著下降，而景观聚集指数（AI）显著增加，说明各类型斑块聚集性逐渐增加。结果表明，景观尺度上黄河三角洲地区土地利用类型同质化、集约化加剧。从柽柳种群分布区域的格局变化规律看（图 2-8），黄河三角洲地区柽柳斑块占景观面积

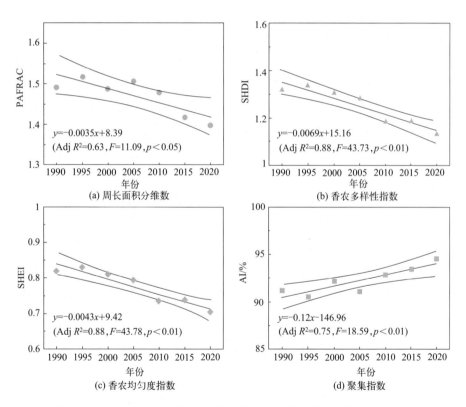

图 2-7 1990～2020 年黄河三角洲景观格局指数演变规律（景观尺度上）

（Adj 表示"调整后"，Adj R^2 代表调整后 R^2）

的比例（PLAND）、最大斑块指数（LPI）逐渐下降，显示人为活动对柽柳种群分布的影响逐渐增强。柽柳种群斑块之间分离指数（SPLIT）逐渐升高，特别是 2005 年后，柽柳种群斑块间分离指数显著提高，小面积柽柳斑块数量增加，柽柳种群聚集指数（AI）整体呈波动性增加趋势（先下降后增加）。结果表明，斑块类型尺度上柽柳种群分布区占有率持续下降、柽柳种群破碎化不断加剧。

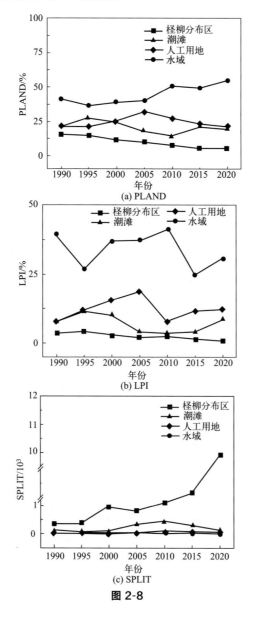

(a) PLAND

(b) LPI

(c) SPLIT

图 2-8

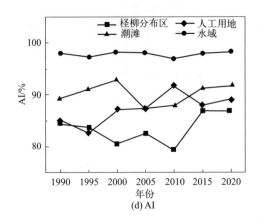

(d) AI

图 2-8 1990～2020 年黄河三角洲地区 4 种地物类型的空间格局演变规律（斑块类型尺度上）

从不同区域（保护区北区、保护区南区、非保护区）看：

① 景观尺度上，1990～2020 年这 30 年间黄河三角洲不同区域内景观周长面积分维数（PAFRAC）、景观内斑块香农多样性指数（SHDI）和香农均匀度指数（SHEI）均显著下降，但保护区南区指标略好于北区，说明保护区北区景观复杂性更低。非保护区的香农多样性指数和香农均匀度指数远低于保护区，结果说明虽然柽柳种群处于不断退化状态，但保护区设置仍是柽柳种群保育的有效手段。尽管三个区域内景观聚集性具有明显的年际波动，但聚集性仍显示增长趋势（图 2-9）。

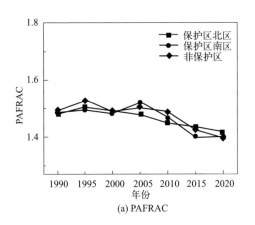

(a) PAFRAC

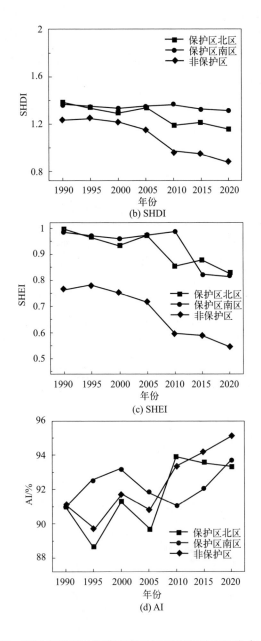

图 2-9 1990~2020 年黄河三角洲不同区域景观格局演变规律（景观尺度上）

② 斑块类型尺度上，黄河三角洲不同区域内柽柳斑块占景观面积的比例（PLAND）、最大斑块指数（LPI）逐渐下降，且保护区南区指标略优于保护区北区，说明 30 年来人为活动对黄河三角洲北部区域的柽柳种

群分布的影响更大（图 2-10）。不同区域内柽柳种群斑块之间分离指数（SPLIT）逐渐升高，特别是 2005 年后，且非保护区＞保护区北区＞保护区南区。三个区域的柽柳斑块聚集指数（AI）变化规律差异较大，保护区南区柽柳斑块聚集指数基本不变（AI＝0.91～0.94），而北区和非保护区则呈波动上升趋势，特别是在 2005 年以后。以上结果表明，近 30 年间黄河三角洲不同区域柽柳破碎化加剧，非保护区破碎化最高，而保护区北区破碎化程度高于南区。

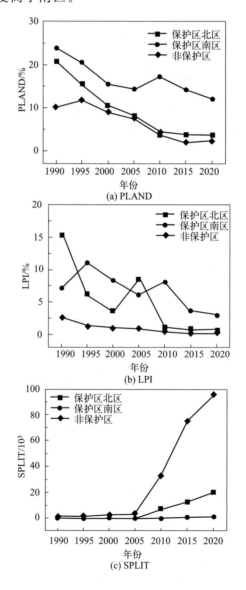

(a) PLAND

(b) LPI

(c) SPLIT

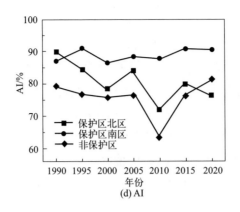

图 2-10 1990~2020 年黄河三角洲不同区域柽柳种群空间格局演变规律（斑块类型尺度上）

为分析斑块类型尺度上柽柳种群的空间分布格局，将柽柳种群斑块看作质点，应用 Ripley's $L(r)$ 和 $g(r)$ 函数对柽柳斑块进行点格局分析。Ripley's $L(r)$ 函数以植物个体的空间坐标（本研究中为柽柳斑块空间位置坐标）为基础，分析不同尺度下种群的空间分布格局，反映种群生态特征。$L(r)$ 公式如下：

$$L(r) = \sqrt{\frac{\dfrac{A}{n^2}\sum_{i=1}^{n}\sum_{j=1}^{n}\dfrac{I_r(u_{ij})}{W_{ij}}}{\pi}} - r(i \neq j) \qquad (2\text{-}1)$$

式中　A——研究区（样方）的面积；

　　　n——样点内物种的数量；

　u_{ij}——第 i 株与第 j 株个体间的距离；

　　　r——空间尺度[当 $u_{ij} \leqslant r$ 时，$I_r(u_{ij}) = 1$；当 $u_{ij} > r$ 时，$I_r(u_{ij}) = 0$]；

　W_{ij}——权重值，是以点 i 为圆心、u_{ij} 为半径的圆周长落在面积 A 中的比例，可校正边界效应引起的误差。

当 $L(r) = 0$ 时，种群呈现随机分布；当 $L(r) > 0$ 时，种群呈现聚集分布；当 $L(r) < 0$ 时，种群呈现均匀分布。由于 $L(r)$ 函数存在明显的尺度累积效应，即大尺度格局分析易受小尺度累积效应的影响，因此同时使用单变量对相关函数 $g(r)$ 对柽柳种群斑块进行空间分布格局分析，$g(r)$ 为 $K(r)$ 的导数，其公式如下：

$$K(r) = \frac{A}{n^2}\sum_{i=1}^{n}\sum_{j=1}^{n}\frac{I_r(u_{ij})}{W_{ij}}(i \neq j) \qquad (2\text{-}2)$$

$$g(r) = \frac{K'(r)}{2\pi r}(r \geqslant 0) \qquad (2\text{-}3)$$

应用 $g(r)$ 函数分析时，应选择完全空间随机模型（complete spatial randomness，CSR）和异质性泊松模型（heterogeneous Poisson process，HP）等合适的零假设模型。CSR 零假设模型假设物种的空间分布不受任何生物或非生物过程的影响，在研究区域内各点出现的概率相同。HP 零假设模型依据表示样点内任意一点位置的密度函数来排除大尺度环境异质性的影响。如果研究区内植物个体空间分布散点图大致表现为均匀分布，则使用 CSR 零假设模型；如果植物个体分布格局呈现出显著的空间异质性，则采用 HP 零假设模型。本研究采用带宽 30m 的高斯核函数进行密度估计，与 HP 零假设模型计算结果进行对比。当 $g(r)<1$ 时，分析的物种在尺度 r 上呈均匀分布；当 $g(r)=1$ 时，分析的物种在尺度 r 上呈随机分布；当 $g(r)>1$ 时，分析的物种在尺度 r 上呈聚集分布。为了提高柽柳斑块空间分布格局的分析精度，通过重复计算 199 次 Monte-Carlo（蒙特卡罗）随机模拟产生的最大值和最小值得到置信区间（即 Monte-Carlo 包络线），计算出不同尺度下的 $L(r)$ 和 $g(r)$ 的值，如果种群实际分布数据计算得到的函数值处于包络线以上，则为聚集分布；若在包络线内，则为随机分布；若在包络线以下，则为均匀分布。本研究利用 Programita 2014 软件进行空间点格局分析。

Ripley's $L(r)$ 函数计算结果表明，柽柳种群斑块在 $0.1\sim5km$ 尺度上呈聚集分布（图 2-11，书后另见彩图），而对相关函数 $g(r)$ 计算结果表明，柽柳斑块在 $2\sim4km$ 尺度上呈聚集分布，在 $>4km$ 尺度上呈随机分布（图 2-12，书后另见彩图）。

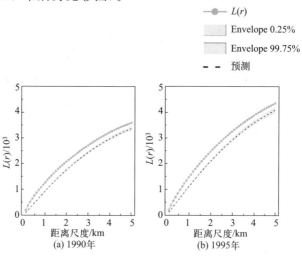

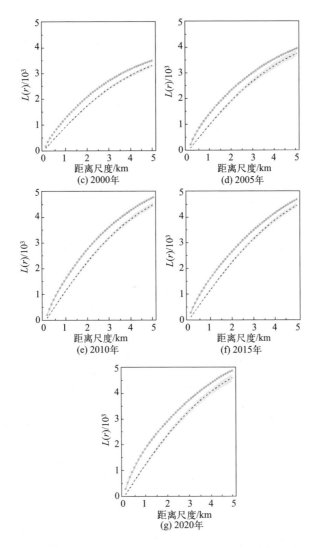

图 2-11 基于 Ripley's L(r) 函数的柽柳种群单变量点格局分析

[蒙特卡罗模拟包络线（书后彩图中浅黄色区间）对应于 0.25% 和 99.75% 置信区间（Envelope）]

　　基于不同年份柽柳斑块点格局计算结果，进一步分析了不同年份柽柳种群斑块的最大聚集尺度和最大聚集程度（图 2-13），结果发现 1990～2020 年间柽柳聚集程度逐渐增加，与前文柽柳的聚集指数变化规律基本一致，但是最大聚集尺度显著下降，即柽柳种群发生聚集的空间尺度逐渐缩小，说明黄河三角洲地区柽柳种群分布区域趋于紧缩状态。

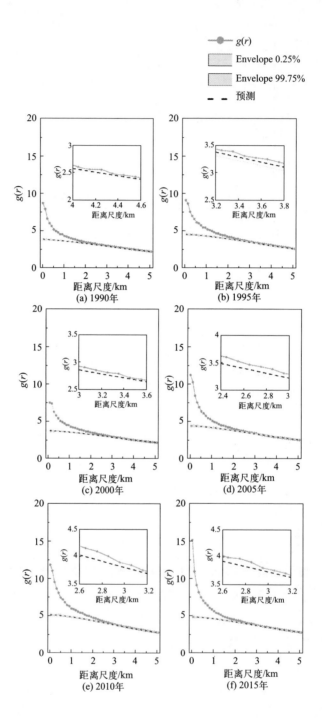

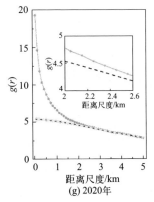

图 2-12 泊松零假设模型下基于对相关函数 g(r)的柽柳种群单变量点格局分析

［蒙特卡罗模拟包络线（书后彩图中浅黄色区间）对应于 0.25% 和 99.75% 置信区间（Envelope）］

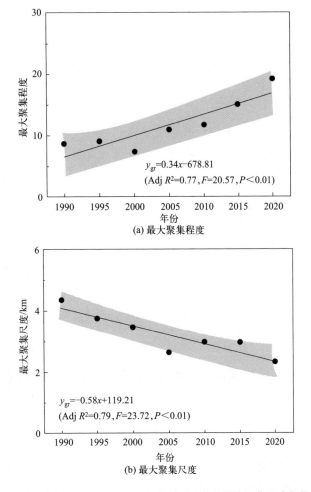

$$y_{gr} = 0.34x - 678.81$$
$$(\text{Adj } R^2 = 0.77, F = 20.57, P < 0.01)$$

(a) 最大聚集程度

$$y_{gr} = -0.58x + 119.21$$
$$(\text{Adj } R^2 = 0.79, F = 23.72, P < 0.01)$$

(b) 最大聚集尺度

图 2-13 1990~2020 年黄河三角洲地区柽柳种群斑块的最大聚集程度和最大聚集尺度

2.2.3　柽柳种群空间格局历史演变驱动因素

通过上述遥感解译和景观格局分析并结合相关文献资料，可以看到黄河三角洲地区柽柳种群退化是多种原因综合作用的结果，具体如下。

（1）入海水沙持续减少，湿地水盐条件失衡，河口海岸蚀退严重

自 20 世纪 50~60 年代以来，黄河输水量、输沙量持续减少，使得河口湿地淡水水源补给中断、地下水水位下降，造成海水倒灌入侵，打破原有咸淡水平衡，导致淡水湿地干涸、萎缩以及盐渍化加剧。与此同时，泥沙输运量减少使得黄河口地区泥沙淤积引起的新增陆地面积锐减，加之海水侵蚀加剧、风暴潮袭击等原因，河口海岸不断蚀退，特别是在黄河故道区域，1976 年以来黄河故道刁口河口门陆地面积已蚀退超过 307.56km² （黄波，2015），其中，2000~2015 年，黄河口清水沟老沙嘴附近海岸蚀退 8km，蚀退面积 59km²，而刁口河附近海岸蚀退 4km，蚀退面积 52km² （余欣等，2016）。

（2）人类扰动持续加剧，湿地水文连通受阻，原有适宜生境丧失

自 1980 年以来，黄河三角洲及附近地区围填海面积从不到 200km² 激增至 2017 年的 1011km²，天然湿地面积减少，特别是盐沼湿地和滩涂湿地受损最为严重，打破原有盐沼湿地水文循环和连通 （魏帆等，2019）。其中，筑堤修路、港口建设、油田开发、盐田养殖池修建，大量侵占原有盐沼湿地和滩涂湿地。特别是在 2005~2010 年，黄河故道附近大量天然湿地被开发修建成盐田和养殖池，黄河以南地区堤坝修筑，以及东营港建设、孤东油田开发利用等，持续加剧的人类活动导致原有生境破碎化加剧、适宜生境面积不断减少，从而使柽柳种群退化严重。

2.3　环境因素-柽柳反馈作用下柽柳种群空间格局变化规律

受自然环境和人类活动等外界条件快速变化的影响，黄河三角洲地区柽柳种群空间格局处于动态变化之中，通过空间格局分析有助于理解柽柳种群格局的驱动过程和因素。土壤环境因子和生物过程一直被认为是柽柳种群空间分布格局形成的重要因素，但这些因素对驱动柽柳种群

分布格局形成的影响尚不清楚。

2.3.1 无人机机载激光雷达航测影像采集与处理

本研究利用无人机机载激光雷达系统（unmanned aerial vehicles equipped with light detection and ranging，UAV-LiDAR system）对柽柳分布区域进行了航测，获取研究区高程信息和正射影像，以及柽柳植株的地理坐标信息和相关参数，包括数量、密度、株高和冠幅。采用网格划分法将整个区域划分为 35 个样方，使用五点取样法采集表层（−20～0cm）土壤样品测定水盐含量。采集后的土壤样品在 60℃ 下烘干至恒定质量，将烘干土样研磨后过 1mm 筛，称取 5g 过筛后的干土置于 50mL 离心管中，加入 25mL 蒸馏水，振荡 0.5h 后静置 24h，用盐度计（Bante 540-DH，上海般特仪器有限公司）测量静置样品上清液盐度，将该上清液盐度作为土壤盐度（以 PPT 计）。

无人机机载激光雷达系统（UAV-LiDAR system）由六旋翼无人机（DJI Matrice 600 pro）、微型激光雷达系统（Genius V＋R-Fans）和小型数码相机（Sony A7R，4800 万像素）组成，用于收集研究区域的点云信息和航拍照片。在 DJI GO 应用软件中规划航线后，设置无人机自动测量模式飞行，以避免人为操作失误。航测照片之间前向和旁向重叠率≥80％。无人机飞行高度 50m，速度 4m/s，相机每 2s 拍照一次。整个目标区域共拍摄 1177 张照片。然后，我们使用具有厘米级相对定位精度的新型实时全球定位系统（RTK-GPS），将每张照片的质心坐标记录为 x、y 和 z。

使用 POSPac 软件（加拿大 Applanix 公司）进行系统误差检校，解算获取 POS 数据、飞行轨迹及影像外方位元素。

航测影像处理流程如图 2-14 所示。

① 利用 POSPac UAV 8.2.1 软件解算 POS 数据。对地面基站 GPS 接收机采集的数据与机载 GPS 接收机接收的无人机 POS 数据进行差分处理，得到飞行平台精确的三维坐标，并评估点位精度。将 GPS 数据与 IMU 姿态数据以卡尔曼滤波融合，得到精确的航迹文件。该文件描述了不同时刻激光扫描仪的空间位置（x，y，z）以及姿态（heading，pitch，roll）。结合影像时间序列（曝光时间）和轨迹解算时得到的杆臂值，获取相片曝光瞬间位置（纬度、经度、高程）和姿态（航向角 Phi、俯仰角 Omega、翻滚角 Kappa），即影像外方位元素文件。

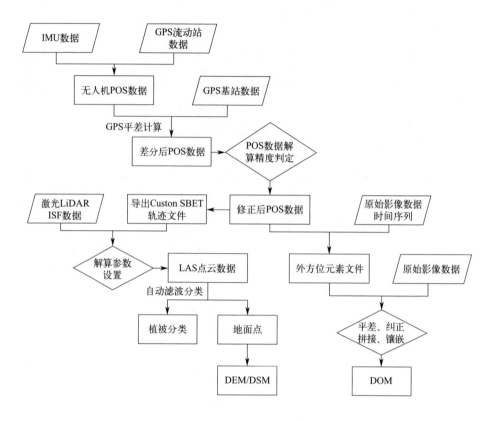

图 2-14   无人机机载激光雷达系统航测影像处理流程

② 结合航迹文件和激光测距数据 ISF 文件，利用 UI _ v3.9.3 _ RFans-R-Fans 软件解算获取原始 LAS 点云数据。整个过程中涉及多种坐标系（IMU 坐标系、激光扫描坐标系、载体坐标系、导航坐标系以及地心坐标系之间的转换），都归算到 WGS84 坐标系统下。

③ 利用 TerraSolid 软件中的 TerraScan 和 TerraModeler 模块对上述原始 LAS 点云进行自动滤波分类，通过分离地面点建立研究区数字高程模型（digital elevation model，DEM）并建立等高线，通过对不同高度植被分类获得不同高度植被分布区。

④ 人为剔除无人机起降阶段的影像后，结合原始相片和影像外方位元素文件，使用 Pix4Dmapper 2.0 软件进行正射影像拼接镶嵌，得到研究区数字正射影像（digital orthophoto map，DOM）（图 2-15，书后另见彩图）。

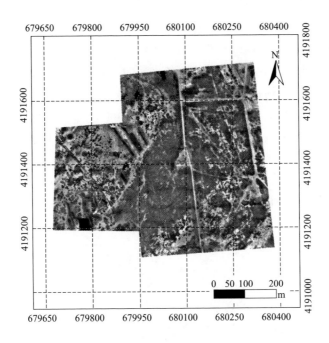

图 2-15 研究区位置及数字正射影像

通过单木分割和识别提取每株柽柳的地理坐标信息，目检消除无效点，包括与 DOM 中植物位置明显不匹配的坐标点和非目标植物。为了进一步分析环境因素［包括土壤湿度（％）、土壤盐度（g/kg）和地面高程（m）］与柽柳种群空间分布格局之间的关系，使用 ArcGIS 10.6 将整个研究区域划分为 35 个网格，统计每个网格中柽柳信息，包括数量、密度（每 $100m^2$ 植株数量，株$/100m^2$）、平均株高（m）和平均冠幅（m）。将每个网格的地理坐标与土壤取样样方的坐标一一对应，将研究区边界规则裁剪后共获取 33 个样方，将这 33 个样方的土壤和柽柳特征数据用于空间分析。

航测面积为 $33.17hm^2$，其中通过无人机机载激光雷达系统获得的点云进行单木分割和识别，共获取 3083 株柽柳，平均为 0.93 株$/100m^2$。其株高和冠幅的空间分布如图 2-16 所示（书后另见彩图）。低株高（＜1.50m）、中株高（1.50～2.00m）和高株高（＞2.00m）的植株分别占柽柳总数的 20.82％、50.44％和 28.74％。较小冠幅（＜1.00m）、中等冠幅（1.00～1.60m）和较大冠幅（＞1.60m）的树木分别占柽柳总数的

25.33％、67.27％和7.40％。3083株柽柳的平均株高和平均冠幅分别为（1.84±0.01)m和（1.18±0.01)m。平均土壤盐度、平均土壤湿度和平均地面高程分别为（1.87±0.12)g/kg、（21.19±0.26)％和（1.23±0.013)m。Kolmogorov-Smirnov正态性检验结果表明，原始数据（土壤性质和柽柳特征）均遵循正态分布（$P>0.05$）。变异系数（CV）反映出土壤性质和柽柳树特征的空间变异性，其中土壤盐分、密度和柽柳多度变异性较强（$CV>30\%$）。基于反距离加权插值法的土壤和柽柳特征分布图也显示了空间异质性（图2-17，书后另见彩图）。

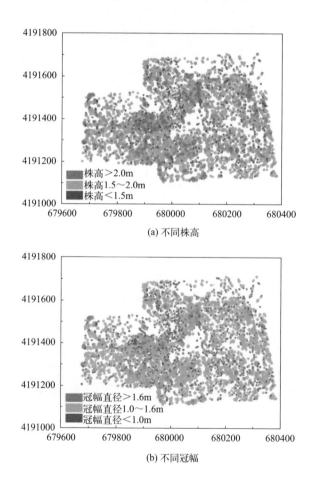

(a) 不同株高

(b) 不同冠幅

图 2-16 研究区域内具有不同株高和不同冠幅的柽柳的分布情况

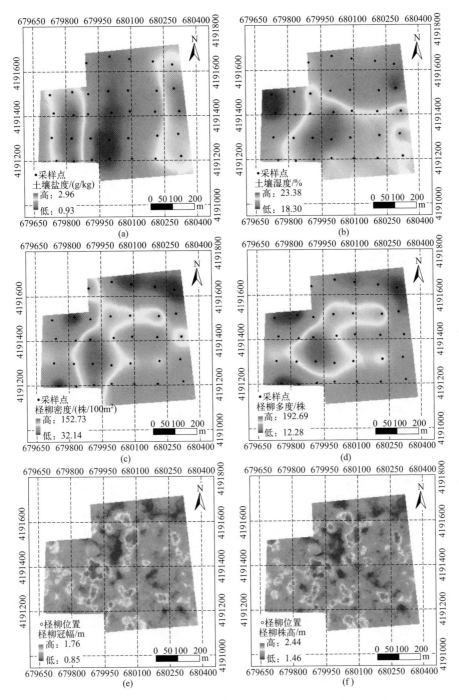

图 2-17 基于反距离加权插值法的土壤水盐条件 [（a）、（b）]
和柽柳个体特征 [（c）~（f）] 的空间分布图

2.3.2 不同空间尺度上柽柳种群分布格局

为分析所观察到的植株制图点格局的尺度顺序，本研究分别使用了对相关函数 $g(r)$ 和 Ripley $K(r)$ 函数对个体水平上柽柳空间分布格局进行分析。计算公式及方法详见 2.2.2 部分。

采用空间自相关指数（Moran's I）用于评估柽柳种群特征、环境因素特征的空间自相关程度。Moran's I 反映了相邻位置属性值的相似性。空间权重矩阵基于 Queen 邻接构建，order＝1。全局空间相关性用于确定目标区域内的植物是否存在聚集特征，空间格局的类型和位置则通过局部空间关联指标（local indicators of spatial association，LISA）进一步分析。全局和局部 Moran's I 指数公式如下：

$$I = \frac{n}{\sum\limits_{i=1}^{n}\sum\limits_{j=1}^{n}\omega_{ij}} \times \frac{\sum\limits_{i=1}^{n}\sum\limits_{j=1}^{n}\omega_{ij}(x_i - \bar{x})(x_j - \bar{x})}{\sum\limits_{i=1}^{n}(x_i - \bar{x})^2} \quad (2\text{-}4)$$

$$I_i = \frac{n(x_i - \bar{x})}{\sum\limits_{j=1,j\neq i}^{n}(x_j - \bar{x})^2}\sum\limits_{j=1,j\neq i}^{n}\omega_{ij}(x_j - \bar{x})^2 \quad (2\text{-}5)$$

式中，$I \in [-1, 1]$，$I < 0$ 表示负自相关，$I = 0$ 表示无相关，$I > 0$ 表示正自相关。

通常，使用 Z_{score} 值来对 Moran's I 进行显著性检验，判断空间自相关的显著性。当 $Z_{score} > 1.96$ 或 $Z_{score} < -1.96$（$a = 0.05$）时，表示存在显著的空间自相关；当 Z_{score} 在 $[-1.96, 1.96]$ 时，表示独立的随机分布。利用 Geoda 1.16 软件计算了研究区土壤和柽柳的全局和局部空间自相关性。

使用 PASSaGE 2.0 软件计算不同距离尺度下柽柳种群空间自相关系数，并绘制为空间相关图，用以明确不同空间尺度下变量值之间的关联程度。通过将 Moran's I 系数与 199 次 Monte-Carlo 模拟结果进行比较，计算相关图中每个距离尺度下 Moran's I 系数的显著性，使用 Bonferroni 校正来计算整个相关图的显著性。

Ripley $K(r)$ 函数结果显示，随着空间尺度的增加，柽柳种群呈现随机-聚集-均匀-随机分布；而对相关函数 $g(r)$ 显示，随着空间尺度的增加，柽柳种群呈现均匀-聚集-随机分布（图 2-18）。即，柽柳种群在 2～

6m 尺度上呈聚集分布，并在 6m 处聚集效应最强，而在＞10m 尺度上柽柳种群呈随机分布，与以往研究结果基本一致（贺强等，2008；吴盼等，2019；赵欣胜等，2009）。已有研究认为，小尺度上植物种群聚集格局通常是种内促进和局部种子扩散的结果。柽柳种子轻且小，表面覆盖表皮毛，通常随风、水扩散至不同距离。柽柳种群每年风扩散距离约 2.5km（约 6.85m/d），沿河道等随水扩散距离为 11km（约 34.25m/d）（Pearce 等，2003）。适宜土壤环境中，柽柳种子一般在 24h 以内萌发（Di Tomaso 等，1998），短期内柽柳种子密集扩散和萌发导致柽柳个体在小范围内呈聚集分布。因此，2～6m 尺度上柽柳聚集分布格局可能与种子随风扩散有关。这种小尺度聚集分布格局促使柽柳幼苗通过遮阴作用降低土壤蒸散发，有助于提高土壤含水量并降低土壤盐度。随着土壤环境条件的改善和幼苗个体的生长，柽柳幼苗对其他个体的依赖性不断下降，而对资源的需求不断增加，使得个体之间竞争作用不断增强，导致柽柳种群在大尺度上呈随机或均匀分布（Yang 等，2019）。

土壤环境因子和柽柳种群特征在空间上具有显著的正相关关系（表2-3）。在本研究中，研究区域的最长边界为 685m，分为十个距离尺度。每个距离尺度的上限依次为 125m、178m、221m、256m、305m、338m、391m、443m、502m 和 685m。然而，由于距离尺度跨度较大，最大距离尺度所对应的系数通常不可靠（Rosenberg 等，2000）。去除最大距离尺度中的不可靠系数后，不同距离尺度下土壤环境因子和柽柳特征的相关图（图 2-19）显示，土壤要素特征、柽柳种群特征的空间自相关性随着空间距离的增加而不断减小。土壤盐分、水分和高程的空间自相关性在0～125m 距离尺度达到最大值，表明在此距离内存在显著的正空间自相关性。柽柳种群的空间自相关性发生了显著的变化，尤其是柽柳多度。总的来说，土壤环境因子、柽柳种群特征均在 125m 范围内表现出显著的正空间自相关性。

植物种群空间自相关通常由空间自相关的环境变量（即诱导或外源空间自相关，induced or exogenous spatial autocorrelation）或变量本身固有生物过程（即固有或内源空间自相关，inherent or endogenous spatial autocorrelation）引起（Badenhausser 等，2012；Wagner 等，2005）。本研究结果表明，土壤环境因子和柽柳种群特征在 0～125m 尺度上均呈现

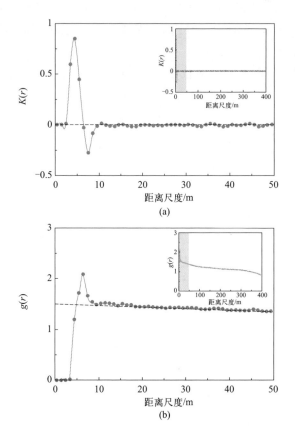

图 2-18 利用 Ripley K（r）函数（a）和对相关函数 g（r）（b）计算得到的
桎柳种群点格局分析结果

［蒙特卡罗模拟包络线（浅灰色区间）对应于 5％和 95％置信区间，右上角插图为桎柳在最大距离
尺度（400m）处的点格局分析结果］

出显著的空间自相关性。对于桎柳种群而言，其空间自相关不仅是由空间自相关的土壤盐分和水分条件等因素引起的，还与其自身生态过程有关（Badenhausser 等，2012）。其中，扩散是驱动内源空间自相关的一个主要因素（Beale 等，2010）。水体环境中，桎柳种子依然能够萌发并存活数周（Di Tomaso 等，1998），也就是说，随水扩散的桎柳种子在长时间、远距离范围内仍可保持活力。萌发的桎柳幼苗可以沿着河流或其他水道继续扩散，直至遇到适宜的定植环境和条件，如开放、阳光充足、竞争性低的土壤环境（Di Tomaso 等，1998）。这是桎柳种群在 125m 尺度上仍表现出显著空间自相关性的主要原因。

表 2-3　研究区土壤因素、柽柳种群特征的 Moran's I 和显著性检验

项目	Moran's I	Z_{score}	P
土壤盐度	0.50	4.82	＜0.05
土壤含水量	0.42	4.00	＜0.05
地面高程	0.23	3.40	＜0.05
柽柳密度	0.19	2.26	＜0.05
柽柳多度	0.26	2.61	＜0.05
柽柳冠幅	0.27	2.76	＜0.05
柽柳株高	0.20	16.78	＜0.05

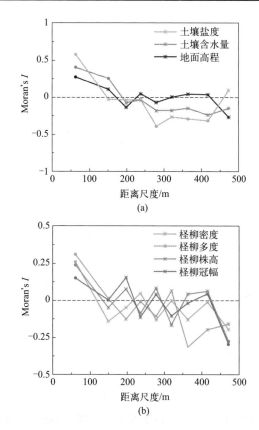

图 2-19 土壤环境因子（a）和柽柳种群特征（b）的空间相关图

[实心圆圈表示显著的空间自相关性（P＜0.05），星号表示空间自相关性不显著；每个距离尺度的

上限依次为 125m、178m、221m、256m、305m、338m、391m、443m、502m 和 685m。

所有相关图均具有全局显著性（P＜0.05）]

2.3.3　柽柳种群空间分布格局驱动机制

植物多度是反映植物分布与环境因素之间关系的重要定量指标。我

们使用柽柳多度作为因变量，将其他变量（包括土壤含水量、土壤盐度、地面高程、柽柳密度、柽柳冠幅和柽柳株高）作为解释变量，分析柽柳种群空间分布与环境因素之间的关系。为了消除变量之间的维度和大小的影响，在回归分析之前利用 SPSS Statistics 23.0 软件对所有变量进行零均值标准化，即 Z_{score} 标准化。标准化公式为：$x' = (x - \bar{x})/\sigma$，其中 $\bar{x}$ 是所有样本数据的平均值，σ 是所有样本数据的标准偏差。

采用不同模型进行回归分析并对分析结果进行对比，回归模型包括空间滞后模型（spatial lag model，SLM）、空间误差模型（spatial error model，SEM）和经典的多元线性回归模型（通常采用最小二乘法进行估计，ordinary least square，OLS）。其中，SLM 假设响应变量的空间自相关性是由固有特性引起的，而 SEM 假设由于固有的空间自相关性，自回归过程仅存在于误差项中。三种回归模型的公式如下：

$$Y_{OLS} = \beta X + \eta \tag{2-6}$$

$$Y_{SLM} = \beta X + \rho w Y + \eta \tag{2-7}$$

$$Y_{SEM} = \beta X + \lambda w \varepsilon + \eta \tag{2-8}$$

$$\eta \sim N(0, \sigma^2 I_n)$$

式中　w——根据空间元素连续性进行加权的权重矩阵；

　　ρ 和 λ——待估计的回归参数；

　　　β——预测变量的回归系数；

　　　ε——空间相关误差项；

　　　η——随机误差项；

　　　σ^2——η 的方差；

　　　I_n——单位矩阵。

回归模型的拟合优度通过 R^2、最大似然对数（LIK）、Akaike 信息准则（AIC）和 Schwartz 指数（SC）进行检验，并测定 OLS、SLM 和 SEM 模型残差的空间自相关性。高 R^2 和 LIK（或较低的 AIC 和 SC）表明这些模型具有较强的解释能力。如果两个模型之间的 AIC 差异超过 3，则表明两个模型之间的拟合优度存在显著差异。使用 Geoda 1.16 软件进行空间回归分析。

采用逐步回归分析方法，通过计算方差膨胀因子（VIF）去除回归模型中高 VIF 值（>7.5）的解释变量。柽柳多度与解释变量之间的 OLS 模型描述为：$Y_{Zabundance} = -0.01 + 0.37 X_{Zmoisture} - 0.26 X_{Zsalinity} + 0.57 X_{Zcrown}$（$R^2 = 0.52$，$P < 0.01$）。使用 OLS 模型中的相同变量，利用 SLM 和

SEM 模拟了柽柳多度-土壤盐度的关系。结果表明，考虑空间自相关性后，土壤含水量和盐度对柽柳多度的影响解释能力下降，在 SLM 中分别降低了 11.67% 和 10.04%，在 SEM 中分别降低了 13.57% 和 4.77%。3 个回归模型中，柽柳多度的预测值和观测值均离散地分布在 1:1 参考线周围（图 2-20）。残差的空间自相关分析和相关图显示 OLS、SLM 和 SEM 计算得到的残差无显著空间自相关性（图 2-20）。因此，这些模型均适用于评估环境因素-柽柳种群的关系。总体而言，3 个回归模型对柽柳多度的预测性能没有显著差异。然而，3 个回归模型的拟合优度结果表明，SEM 中的 R^2 大于 SLM 和 OLS 中的 R^2。此外，在 3 个回归模型中，SEM 中 AIC 值最低，与 OLS 和 SLM 中的 AIC 值相差大于 3（表 2-4）。拟合优度结果显示，与 OLS 和 SLM 相比，SEM 能更好地解释柽柳多度的变化，即 SEM 在解释环境因素与柽柳种群分布之间的关系方面更具优势。

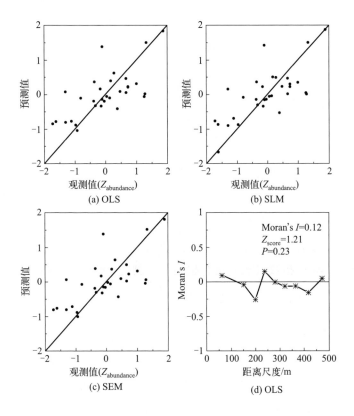

图 2-20

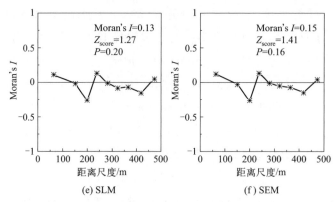

(e) SLM   (f) SEM

图 2-20　柽柳多度的观测值和预测值之间的散点图 [（a）~（c）] 以及不同回归模型残差的空间自相关图 [（d）~（f）]

[实心圆圈表示显著的空间自相关性（$P < 0.05$），星号表示不显著的空间自相关性。
所有相关图的全局空间自相关性均不显著（$P > 0.05$）]

表 2-4　OLS、SLM 和 SEM 的参数估计和拟合优度检验

项目	变量	系数	标准误差	t 检验	P
OLS	Constant	−0.01	0.12	0.00	0.98
	$Z_{moisture}$	0.37	0.13	2.87	0.00②
	$Z_{salinity}$	−0.26	0.13	−2.02	0.04①
	Z_{crown}	0.57	0.12	4.64	0.00②
	拟合优度		$R^2 = 0.52$, LIK $= -32.36$, AIC $= 76.95$, SC $= 78.71$		
SLM	Constant	0.04	0.11	0.38	0.71
	$Z_{moisture}$	0.41	0.13	3.17	0.00②
	$Z_{salinity}$	−0.29	0.12	−2.39	0.02①
	Z_{crown}	0.57	0.11	4.99	0.00②
	ρ	−0.23	0.24	−0.94	0.35
	拟合优度		$R^2 = 0.58$, LIK $= -32.10$, AIC $= 74.21$, SC $= 81.69$		
SEM	Constant	0.02	0.10	0.16	0.87
	$Z_{moisture}$	0.36	0.11	3.14	0.00②
	$Z_{salinity}$	−0.27	0.11	−2.39	0.02①
	Z_{crown}	0.55	0.11	4.86	0.00②
	λ	−0.14	0.30	−0.45	0.65
	拟合优度		$R^2 = 0.57$, LIK $= -32.01$, AIC $= 72.61$, SC $= 78.60$		

① 在 $P < 0.05$ 水平上具有统计显著性。
② 在 $P < 0.01$ 水平上具有统计显著性。
注：LIK 为最大似然对数，AIC 为 Akaike 信息准则，SC 为 Schwartz 指数。Constant 代表模型中的常数项。

　　综上所述，由于种内促进作用和种子的风扩散，柽柳种群在小尺度（2~6m）上呈聚集分布而在大尺度（>10m）上呈随机分布主要是由于柽柳种内竞争。柽柳种群具有显著的正空间自相关性，并在 0~125m 处

达到峰值，这主要与种子随水扩散有关（Jiao 等，2021）。考虑柽柳自身的空间自相关性后，发现土壤含水量和盐度对柽柳多度的解释能力下降，在 SLM 中分别降低了 11.67％和 10.04％，在 SEM 中分别降低了 13.57％和 4.77％。同时，柽柳多度与冠幅呈显著正相关关系，对柽柳多度的影响大于土壤因子（55％），这是由于冠幅增加为其他柽柳个体提供了遮阴、降低了土壤蒸散发，个体之间存在种内促进作用。研究结果明确了土壤环境特征和种子扩散能力是柽柳种群空间异质性分布的主要驱动力。

小结

综上，本章利用野外监测试验、无人机载激光雷达航测和遥感影像解译等手段，明确了不同尺度上黄河三角洲地区柽柳空间分布格局，分析了不同尺度上柽柳种群空间格局形成机制。

黄河三角洲地区遥感影像解译结果显示，1990～2020 年间柽柳种群分布面积逐年减少（10.80km²/a），柽柳种群破碎化程度逐渐增加，特别是在 2005 年后，原有柽柳生境逐渐被农田、养殖池等取代。斑块水平上，柽柳种群分布区在 2～4km 尺度上聚集，尽管聚集程度逐年增加，但是最大聚集尺度显著下降，即柽柳种群聚集分布范围更小，柽柳生境趋于紧缩。柽柳种群的退化主要是因为人类活动对原有适宜生境的侵占，如港口建设、油田开发和筑堤修路等，导致湿地的水文连通性下降以及水盐条件恶化。

基于野外监测试验和无人机载激光雷达航测结果，利用点格局分析法、空间自相关性分析法分析了个体水平上柽柳空间分布格局，结果显示，受种内促进作用和种子风扩散影响，柽柳种群在 2～6m 尺度上呈聚集分布而在＞10m 尺度上呈随机分布主要是由于柽柳种内竞争。柽柳种群具有显著的正空间自相关性，并在 0～125m 处达到峰值，这主要是与种子随水扩散有关。对柽柳个体和环境因素进行空间自回归分析，结果显示，柽柳多度与土壤盐度呈负相关，与土壤含水量呈正相关。研究结果明确了土壤环境特征和种子扩散能力是柽柳种群空间异质性分布的主要驱动力。总体来说，由于种内促进作用和种子扩散，柽柳种群在空间尺度上呈聚集分布，并表现出显著的空间自相关性。这种空间分布格局提高了柽柳种群对环境胁迫的适应性，从而减少了环境因素对柽柳的负面影响。

第 3 章

黄河三角洲环境因素-柽柳-传粉者
互馈作用机制

在第 2 章明确了黄河三角洲柽柳种群空间格局分布特征以及不同尺度格局差异主要影响因素的基础上，进一步采用野外监测试验和室内分析试验，研究了黄河三角洲 4 种典型环境条件下柽柳花粉传递过程和繁殖产出过程，测定了不同柽柳密度下的土壤条件、开花特征、传粉者访问率和柽柳产种量变化规律，阐释了柽柳种群密度变化对传粉者访花行为及柽柳种群繁殖力的影响（图 3-1）。

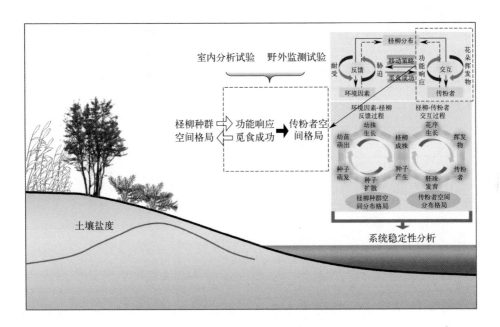

图 3-1　本章研究框架

3.1　样点选择及数据采集

3.1.1　柽柳种群典型分布区选择

黄河断流导致上游流入量减少和用水量增加，黄河三角洲盐沼湿地逐渐退化，包括次生土壤盐碱化加剧、局部植被破碎化和生物多样性破坏。为了遏制黄河三角洲湿地生态系统的持续退化，黄河三角洲自然保护区管理局自 2002 年起实施了淡水恢复工程（freshwater restoration，FR），定期从附近淡水河流输送淡水至退化湿地，以期修复和恢复盐沼湿地生态系统。实施淡水恢复工程后，退化湿地的土壤理化性质、底栖生物群落和植物种群均得到显著改善（杨薇等，2018）。

为明确淡水恢复工程对不同柽柳种群的影响，本研究以黄河为中心，从南向北选择 4 个典型柽柳种群分布区并设置监测样点。其中，样点 1（no tide＋no FR）和样点 2（tide＋FR）均位于黄河北侧，样点 3（regular FR）和样点 4（irregular FR）均位于黄河南侧（表3-1）。样点 1 位于黄河北侧陆上区域，成陆时间长，该地区地面径流仅来源于降水，既无涨落潮波及，也不受淡水恢复工程的影响。样点 2 位于黄河北侧沿岸，同时受到潮汐和淡水恢复的影响。样点 3 邻近黄河南侧一条支路，由水闸控制，当黄河流量大于 $4000\text{m}^3/\text{s}$ 时引水，一年一次，属于周期性淡水补充区域。样点 4 位于黄河以南柽柳恢复区，恢复区内无涨落潮影响，其淡水补充量主要取决于上游来水量，属于多年一次淡水补充区域。

表 3-1　研究区各样点地理位置及特征

样点	样点特征	经度	纬度
样点 1	no tide＋no FR	119°03′02″E	37°51′08″N
样点 2	tide＋FR	119°09′39″E	37°45′50″N
样点 3	regular FR	119°05′38″E	37°45′44″N
样点 4	irregular FR	119°08′24″E	37°44′45″N

每处样点中根据柽柳长势和密度设置 5 个 2m×2m 试验样方，重复 3 次。每天 7:00～12:00 对柽柳样点内昆虫访花进行观察，连续观察 7d。记录访花昆虫数量和访花时间。昆虫访花过程中，只有当昆虫搜索花蜜或者花粉等访花酬物时，或者昆虫碰触花部繁殖结构时，才记作一次有效访问。同时记录每个样方内柽柳株数、株高、茎粗、冠幅和生长状况，以及每枝条的总状花序数、花序长度、产种量。在每个样方内采集深度约20cm 的表层土样 6 个，采集的土样分别装袋、标号，土壤盐度测定方法同 2.3.1 部分相关内容。

3.1.2　柽柳花朵挥发物收集

柽柳花朵挥发物的收集采用动态顶空吸附法，具体步骤如下：实验室内先将填有 Tenax TA 吸附剂的吸附管在解析管活化仪（TP-2040，北京北分天普仪器有限公司）上经 270℃、高纯 N_2 吹扫下活化 2h 以去除杂质，活化后用锡箔纸包好并保存在−20℃。野外试验于柽柳盛花期进行，柽柳花朵挥发物收集装置如图 3-2 所示。

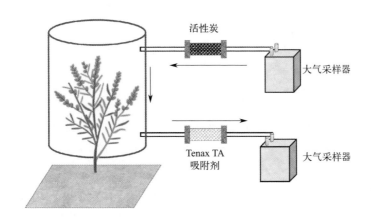

图 3-2　柽柳花朵挥发物收集装置示意图

将 1 束圆锥花序装入大气采样袋（1L，Teflon® FEP）中，用恒流大气采样仪（H1000，北京市劳动保护科学研究所）将采样袋内空气排尽。然后使用单气路大气采样器（QC-1S，北京市劳动保护科学研究所）向袋内充气，气流先流经活性炭管（100mg，外径 6mm，长 15cm，北京市劳动保护科学研究所）净化后再流向采样袋。当大气采样袋正常鼓起后静置 5min，促进袋内花朵挥发物充分释放。静置结束后用恒流大气采样仪将采样袋内空气连同花朵挥发物一起由出气端抽出，其中花朵挥发物会被吸附管（200mg，60 目/80 目，外径 6mm，长 15cm，北京市劳动保护科学研究所）中的 Tenax TA 吸附剂高效吸附。通气端和出气端空气流速均为 400mL/min，花朵挥发物采集总时长 45min。连接装置器件之间均用透明特氟隆管（PTFE，6mm×8mm）连接，每处理重复 3 次，采集好样品的吸附管保存于−20℃冰箱中待测。采样结束后确定每束圆锥花序中的总状花序数，用以计算每种花朵挥发物的相对总量（RC），计算如下：

$$RC=\frac{PA \times TI_i}{TI_j} \tag{3-1}$$

式中　RC——每个样点中每种化合物的相对总量；
　　　PA——每种化合物的峰面积；
　　　TI_i——每个样点中总状花序数；

TI$_j$——对应样点中取样袋内总状花序数。

采用热脱附-气质联用仪（thermal desorber gas chromatograph mass spectrometry，TD-GC/MS）对吸附管所吸附的柽柳花朵挥发物进行分离和鉴定，其中，热脱附仪型号为 AUTO-TDS-Ⅲ 型（TP-5000，北京北分天普仪器有限公司），GC/MS 型号为岛津 SHIMADZU QP2010s 型。工作条件如下。

① 热脱附（TD）工作条件：载气为 N$_2$；一级热脱附温度为 280℃，一级热脱附时冷阱捕集温度为 -30℃；二级热脱附温度为 300℃；吹扫时间为 5min，解析时间为 1min，进样时间为 1min，反吹时间为 20min。

② 气相色谱（GC）条件：载气为 He；色谱柱为 DB-VRX，规格为 60m×0.32mm×1.80μm；柱箱温度为 35℃，进样口温度为 200℃，总流量为 11mL/min，柱流量为 1mL/min，分流比为 10；程序升温条件设置为起始 35℃，保持时间 3min，升温速率为 5℃/min，达到 140℃后以 3℃/min 速率逐渐升温至 240℃，保持 3min，总程序时间为 60min。

③ 质谱（MS）工作条件：电离方式为 EI（电子电离），GC-MS 接口温度为 245℃，离子源温度为 250℃，溶剂延迟时间为 5min，采集方式为扫描，扫描间隔为 0.05s，扫描速度为 5000，质谱质荷比（m/z）扫描范围为 29～300。

④ 挥发物组分鉴定：利用 GC/MS 设备自带的标准谱库（NIST 14）对柽柳花朵挥发物进行检索，根据匹配度初步确认其可能性，进一步利用保留指数，并参考相关文献最后加以确定。运用外标法和离子流峰面积归一化法计算主要挥发物组分的（相对）含量。

采用单样本 Kolmogorov-Smirnov 方法对原始数据的正态性进行检验。当原始数据不符合正态分布时进行对数变换，确保数据的正态性。使用单因素方差分析计算每个地点的土壤条件（土壤盐度和含水量）、花序性状（开花展示和挥发物）、传粉者访问率和产种量的差异显著性。另外，利用 Spearman 相关分析明确柽柳密度与土壤条件、花序性状、传粉者访问率和柽柳产种量之间的相关性。上述正态性检验、单因素方差分析、差异显著性分析和 Spearman 相关分析均在 SPSS Statistics 23.0 软件中进行，所有数据均表示为平均值±标准误差。为明确植物密度（自变量）对土壤条件、花序性状、传粉者访问率和产种量（因变量）的影响，使用最小二乘法进行回归分析，获取相关系数和最佳拟合趋势线。

3.2　环境因素-柽柳-传粉者互馈作用机制研究

3.2.1　环境因素-柽柳反馈作用机制

单因素方差分析结果表明，四个研究区的土壤盐分和含水量存在显著差异 [土壤盐分：$F=14.17$，$P<0.05$；土壤含水量：$F=4.34$，$P<0.05$；图 3-3（a）和（b）]。样点 1 成陆时间较长，柽柳种群树龄较大，密度相对较高。该地区局部地表蒸发量较大，盐分积累在表层土壤中，导致土壤含水量最低，土壤盐度较高。样点 2 和样点 3 分别位于黄河北岸和南岸，地下水资源丰富，土壤含水量相差不大。样点 2 涨落潮和淡水恢复对不耐水淹的柽柳种群造成威胁，柽柳种群密度较低，而土壤盐度较高。样点 3 邻近周期性淡水补充的黄河支流，且不会受到涨落潮的影响，无淹水的环境条件使得柽柳种群密度较高，土壤盐度维持在较低水平且土壤含水量较高。样点 4 属于多年一次的淡水补充区域，因此研究区内土壤含水量和盐度均维持在较高水平，但地区内土壤水盐条件受柽柳种群密度的影响而波动较大。

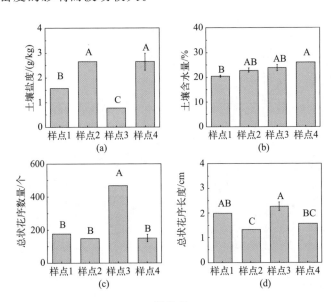

图 3-3

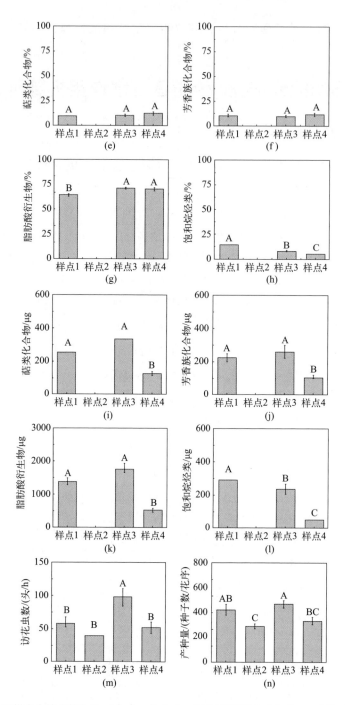

图 3-3 不同样点土壤水盐条件 [（a）、（b）]、柽柳开花展示 [（c）～（l）]、传粉者访问率（m）和柽柳产种量（n）单因素方差分析（$P < 0.05$）

[图中不同字母（A、B、C）表示基于单因素方差分析（$P < 0.05$）和 Tukey HSD 事后检验的组间差异显著性]

相关性分析结果表明，在四个研究区，柽柳密度与土壤盐度均呈负相关性，而与土壤含水量呈正相关性（表 3-2）。对研究区内柽柳种群密度与土壤水盐关系进行拟合分析，结果发现土壤盐度随着柽柳种群密度的增加而逐渐下降，但当柽柳密度过高时，土壤盐度反而略有上升［$P <$ 0.01，图 3-4(a)］，趋势线呈现∪形，而柽柳种群密度与土壤含水量变化趋势则呈现∩形［$P < 0.01$，图 3-4(b)］，4 个研究区均表现出相同特点。说明柽柳种群通过聚集生长来调节其生长的局部环境条件，表现出植物种群对不同环境条件的适应性。

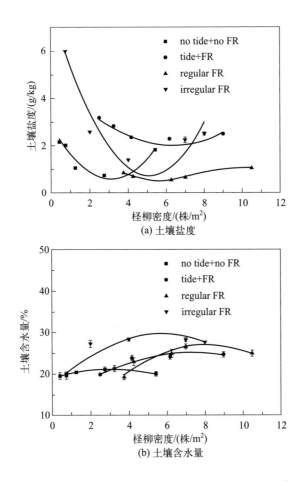

图 3-4　柽柳密度与土壤特征回归分析

表 3-2 柽柳密度与土壤条件、花序性状、传粉者访问率和产种量之间的 Spearman 相关系数

样点	项目	柽柳密度	土壤盐度	土壤含水量	总状花序数量	总状花序长度	传粉者访问率	产种量	萜类化合物	芳香族化合物	脂肪酸衍生物	饱和烷烃类
样点 1 (no tide+no FR)	柽柳密度	1.00	-0.70	1.00①	0.70	-0.10	0.70	0.00	0.90②	0.05	-0.30	0.10
	土壤盐度		1.00	-0.70	-1.00①	-0.60	-1.00①	-0.70	-0.60	0.67	-0.20	-0.60
	土壤含水量			1.00	0.70	-0.10	0.70	0.00	0.90②	0.05	-0.30	0.10
	总状花序数量				1.00	0.60	1.00①	0.90②	0.60	-0.67	0.20	0.60
	总状花序长度					1.00	0.60	0.90②	-0.20	-0.98①	0.60	0.70
	传粉者访问率						1.00	0.70	0.60	-0.67	0.20	0.60
	产种量							1.00	-0.10	-0.98①	0.70	0.60
	萜类化合物								1.00	0.15	-0.60	0.30
	芳香族化合物									1.00	-0.67	-0.67
	脂肪酸衍生物										1.00	-0.10
	饱和烷烃类											1.00
样点 2 (tide+FR)	柽柳密度	1.00	-0.70	1.00①	0.90②	1.00①	0.90②	0.90②				
	土壤盐度		1.00	-0.70	-0.90②	-0.70	-0.90②	-0.90②				
	土壤含水量			1.00	0.90②	1.00①	0.90②	0.90②				
	总状花序数量				1.00	0.90②	1.00①	1.00①				
	总状花序长度					1.00	0.90②	0.90②				
	传粉者访问率						1.00	1.00①				
	产种量							1.00				

样点	项目	柽柳密度	土壤盐度	土壤含水量	总状花序数量	总状花序长度	传粉者访问率	产种量	萜类化合物	芳香族化合物	脂肪酸衍生物	饱和烷烃类
样点 3 (regular FR)	柽柳密度	1.00	0.10	0.90②	1.00①	0.30	1.00①	0.30	-0.10	-0.20	0.10	-0.30
	土壤盐度		1.00	-0.20	0.10	-0.90②	0.10	-0.90②	-0.70	-0.50	1.00①	-0.90②
	土壤含水量			1.00	0.90②	0.50	0.90②	0.50	0.30	-0.10	-0.20	-0.10
	总状花序数量				1.00	0.30	1.00①	0.90②	-0.10	-0.20	0.10	-0.30
	总状花序长度					1.00	0.30	0.30	0.60	0.30	-0.90②	0.80
	传粉者访问率						1.00	0.30	-0.10	-0.20	0.10	-0.30
	产种量							1.00	0.60	0.30	-0.90②	0.80
	萜类化合物								1.00	-0.10	-0.70	0.60
	芳香族化合物									1.00	-0.50	0.30
	脂肪酸衍生物										1.00	-0.90②
	饱和烷烃类											1.00
样点 4 (irregular FR)	柽柳密度	1.00	-0.60	0.60	0.70	0.90②	0.90②	0.70	-0.87	0.60	0.60	-0.10
	土壤盐度		1.00	-1.00①	-0.90②	-0.70	-0.70	-0.90②	0.56	-1.00①	0.20	0.70
	土壤含水量			1.00	0.90②	0.70	0.70	0.90②	-0.56	1.00①	-0.20	-0.70
	总状花序数量				1.00	0.90②	0.90②	1.00①	-0.72	0.90②	0.10	-0.60
	总状花序长度					1.00	1.00①	0.90②	-0.87	0.70	0.50	-0.30
	传粉者访问率						1.00	0.90②	-0.87	0.70	0.50	-0.30
	产种量							1.00	-0.72	0.90②	0.10	-0.60
	萜类化合物								1.00	-0.56	-0.67	0.41
	芳香族化合物									1.00	-0.20	-0.70
	脂肪酸衍生物										1.00	0.30
	饱和烷烃类											1.00

① 在 0.01 水平上具有显著相关性（双尾）。
② 在 0.05 水平上具有显著相关性（双尾）。

3.2.2　柽柳开花性状及理化特征

花朵展示对植物-传粉者交互作用关系和种群繁殖成功具有重要作用。我们对 4 个研究区内的柽柳开花性状及理化特征进行了研究，分别测定了不同研究区柽柳总状花序数量、总状花序长度以及花朵挥发物种类和相对含量。结果发现，4 个样点之间柽柳总状花序数量和长度存在显著差异 [总状花序数量：$F = 30.94$，$P < 0.05$；总状花序长度：$F = 6.63$，$P < 0.05$；图 3-3(c) 和(d)]。样点 3 总状花序数量及长度 [分别为 468 个总状花序 （racemes）、2.27cm] 高于其他 3 个样点。4 个研究区中，样点 2 和 4 中柽柳密度与总状花序长度之间表现出显著正相关关系 （$P < 0.05$，表 3-2），样点 2 和 3 中柽柳密度与总状花序数量之间表现出显著正相关关系 （$P < 0.05$，表 3-2）。柽柳密度与开花性状的拟合关系表明，随着柽柳种群密度的增加，总状花序数量和长度均表现出先增加然后下降的特点 （$P < 0.01$，图 3-5）。研究结果显示，柽柳种群聚集时可以提高总状花序数量，并在一定范围内增加总状花序长度。

我们对研究区内柽柳花朵挥发物收集后进行了分析 （图 3-6，书后另见彩图）。样点 2 由于采集挥发物期间所设样点被破坏，无法取得挥发物相关数据，因此本章仅对其他 3 个样点的挥发物进行分析。经分析鉴定，样点 1、3、4 中分别鉴定出 55 种、54 种、49 种花朵挥发物，这些柽柳花朵挥发物分别属于 4 类物质，包括脂肪酸衍生物、萜类化合物、芳香族化合物和饱和烷烃类 （表 3-2）。3 个研究区共有的花朵挥发物有 48 种，包括萜类化合物 5 种、芳香族化合物 5 种、脂肪酸衍生物 35 种及饱和烷烃类 3 种。4 类化合物中脂肪酸衍生物相对含量最高，样点 1、3、4 中分别高达 64.68%、71.71%、70.49%。萜类化合物中含量最高的物质是 S-（—）-柠檬烯 （样点 1、3、4 中相对含量分别为 5.59%、5.60%、5.98%），其次是 D-薄荷醇和芳樟醇。芳香族化合物中含量最高的是苯乙醛 （即风信子醛，样点 1、3、4 中相对含量分别为 4.12%、3.79%、5.17%），其次是苯甲醛 （安息香醛）和苯乙酮。脂肪酸衍生物中含量最高的是正己醛 （样点 1、3、4 中相对含量分别为 10.85%、11.61%、12.51%），其次为正壬醛和异辛醇。

对不同类别花朵挥发物的相对组成含量进行单因素方差分析，结果显示，3 个样点之间萜类化合物和芳香族化合物的相对含量差异不显著

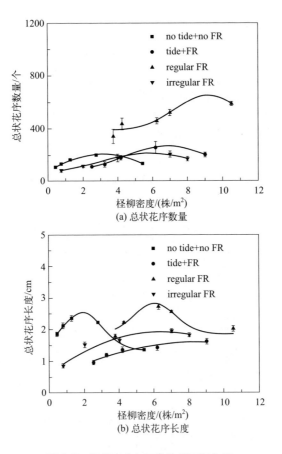

图 3-5 柽柳密度与开花性状回归分析

[萜类化合物：$F=1.75$，$P>0.05$；芳香族化合物：$F=0.70$，$P>$ 0.05；图 3-3(e) 和 (f)]，而脂肪酸衍生物和饱和烷烃类存在显著性差异 [脂肪酸衍生物：$F=7.99$，$P<0.05$；饱和烷烃类：$F=73.19$，$P<$ 0.05；图 3-3(g) 和 (h)]。对不同样点之间每种挥发物组分进行差异显著性分析，发现共有 15 种化合物在 3 个样点之间没有显著差异（$P>$ 0.05），包括正壬醛、正己醛、癸醛、苯乙醛、S-(−)-柠檬烯、1-庚醇、苯甲醛、甲基庚烯酮、D-薄荷醇、乙酸丁酯、十三烷、正辛醇、芳樟醇、反式-β-罗勒烯和（E)-1,3-戊二烯，这 15 种化合物占所有检测到的花朵挥发物的 50% 以上。说明尽管各研究区所受环境胁迫因素不同，但柽柳挥发物物质组成相对稳定，这是建立柽柳-传粉者稳定共生关系的保障。

对花朵挥发物的相对总量进行单因素方差分析，结果显示 3 个样点之间各挥发物类别的相对总量存在显著差异（萜类化合物：$F=8.17$，P

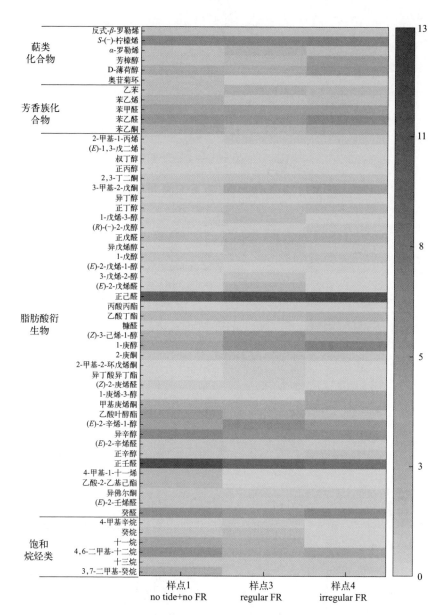

图 3-6 3个样点间柽柳花朵挥发物中各物质的相对含量（%）对比

<0.05；芳香族化合物：$F = 8.69$，$P < 0.05$；脂肪酸衍生物：$F = 17.51$，$P < 0.05$；饱和烷烃类：$F = 18.64$，$P < 0.05$)。样点 1 和样点 3 之间各挥发物类别的相对总量差异不显著，而样点 4 与其他 2 个样点相比，花朵挥发物相对总量显著降低 [图 3-3(i)~(l)]。拟合关系表明，随着柽柳密度的增加，花朵挥发物中各类别的相对总量均呈现先增加后降

低趋势（$P<0.05$，图 3-7）。这种现象可能与高柽柳种群密度下土壤盐度增加、花序数量和长度下降有关。研究结果表明，柽柳种群聚集后，在一定范围内随着种群密度的增加，花朵挥发物释放总量增加，特别是对传粉者有重要吸引作用的脂肪酸衍生物和萜类化合物释放量也相应提高。

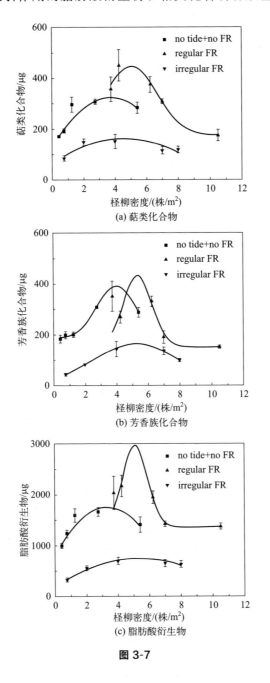

(a) 萜类化合物

(b) 芳香族化合物

(c) 脂肪酸衍生物

图 3-7

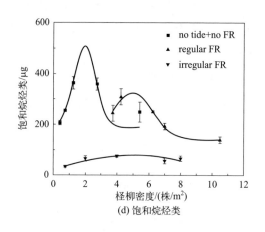

(d) 饱和烷烃类

图 3-7 柽柳密度与花朵挥发物各类别相对总量的回归分析

3.2.3 柽柳-传粉者交互作用机制

我们在 4 个研究区对传粉者访问率进行监测，研究了不同研究区单位时间内传粉者数量的变化规律。结果发现，单位时间内传粉者访问率依次为样点 2＜样点 4＜样点 1＜样点 3，4 个样点之间传粉者访问率存在显著差异［$F=5.93$，$P<0.05$，图 3-3（m）］。除样点 1 外，其他 3 个样点中柽柳密度与传粉者访问率之间存在显著正相关关系（样点 1：$P=0.19$；样点 2：$P<0.05$；样点 3：$P<0.01$；样点 4：$P<0.05$；表 3-3）。拟合曲线表明，随着柽柳密度的增加，传粉者访问率逐渐增加，高密度时访问率略有下降［$P<0.01$，图 3-8（a）］。此外，传粉者访问率与总状花序数量呈显著正相关（样点 1：$P<0.01$；样点 2：$P<0.01$；样点 3：$P<0.01$；样点 4：$P<0.05$）。

黄河三角洲地区柽柳一年内可多次结实，种子小而产量高，种子具有表皮毛并随风扩散。我们检测了单个总状花序的种子产量，对比分析了不同研究区柽柳种子产量的变化规律。结果发现，不同研究区种子产量依次为样点 2＜样点 4＜样点 1＜样点 3，4 个样点之间的产种量差异显著［$F=6.11$，$P<0.05$，图 3-3（n）］。相关性分析表明，产种量与总状花序数量（样点 1：$P<0.05$；样点 2：$P<0.01$；样点 3：$P<0.05$；样点 4：$P<0.01$）和花序长度（样点 1：$P<0.05$；样点 2：$P<0.05$；样点 3：$P<0.01$；样点 4：$P<0.05$）呈显著正相关，与土壤盐分呈显著

表 3-3 黄河三角洲地区柽柳花朵挥发物的化学组成成分及相对含量

挥发物类别	挥发物名称	挥发物名称（英文）	保留时间/min	样点 1(no tide+no FR) 相对含量/%	样点 3(regular FR) 相对含量/%	样点 4(irregular FR) 相对含量/%
萜类化合物	反式-β-罗勒烯	trans-β-ocimene	28.7	0.50±0.025 a	0.41±0.003 a	0.43±0.045 a
	S-(—)-柠檬烯	S-(—)-limonene	33.115	5.59±0.093 a	5.60±0.455 a	5.98±0.564 a
	α-罗勒烯	α-ocimene	33.356	0.52±0.020 b	1.37±0.250 a	0.73±0.089 b
	芳樟醇	linalool	35.886	0.63±0.004 a	1.10±0.277 a	2.73±1.455 a
	D-薄荷醇	D-menthol	40.319	1.86±0.026 a	1.78±0.132 a	3.36±1.210 a
	奥苷菊环	azulene	44.616	0.83±0.005		
芳香族化合物	乙苯	ethylbenzene	25.3	0.56±0.006 b	1.46±0.285 a	1.09±0.067 a
	苯乙烯	styrene	26.319	1.43±0.058 a	0.42±0.007 b	0.60±0.072 b
	苯甲醛	benzaldehyde	30.221	2.57±0.255 a	2.84±0.137 a	2.95±0.223 a
	苯乙醛	benzeneacetaldehyde	34.011	4.12±0.878 a	3.79±0.553 a	5.17±1.621 a
	苯乙酮	acetophenone	35.511	1.86±0.101 a	1.28±0.019 b	1.88±0.117 a
脂肪酸衍生物	2-甲基-1-丙烯	2-methyl-1-propene	5.719	0.19±0.034 b	0.33±0.003 a	0.34±0.034 a
	(E)-1,3-戊二烯	(E)-1,3-pentadiene	8.749	0.07±0.036 a	0.12±0.043 a	0.08±0.010 a
	叔丁醇	2-methyl-2-propanol	9.163	0.21±0.016 b	0.24±0.014 ab	0.28±0.017 a
	正丙醇	1-propanol	10.316	0.03±0.001 b	0.05±0.002 b	0.05±0.007 b
	2,3-丁二酮	2,3-butanedione	11.967	0.33±0.035 b	0.58±0.042 ab	0.68±0.146 a
	3-甲基-2-戊酮	3-methyl-2-pentanone	12.283	1.05±0.083 c	2.07±0.039 b	2.69±0.254 a
	异丁醇	2-methyl-1-propanol	13.292	0.04±0.001 b	0.07±0.002 a	0.07±0.004 a

挥发物类别	挥发物名称	挥发物名称（英文）	保留时间/min	样点 1（no tide+no FR）相对含量/%	样点 3（regular FR）相对含量/%	样点 4（irregular FR）相对含量/%
	正丁醇	1-butanol	14.953	0.59±0.022 b	1.15±0.044 a	1.28±0.154 a
	1-戊烯-3-醇	1-penten-3-ol	16.578	0.23±0.055 b	1.10±0.172 a	0.28±0.056 b
	(R)-(−)-2-戊醇	(R)-(−)-2-pentanol	16.752	0.10±0.036 b	0.28±0.007 ab	0.34±0.096 a
	正戊醛	pentanal	16.982	1.17±0.020 b	1.57±0.137 a	1.71±0.102 a
	异戊烯醇	3-methyl-3-buten-1-ol	18.409	0.16±0.068 b	0.92±0.338 a	0.37±0.022 ab
	1-戊醇	1-pentanol	19.888	0.71±0.015 b	0.84±0.072 ab	0.96±0.076 a
	(E)-2-戊烯-1-醇	(E)-2-penten-1-ol	20.079	0.23±0.002 a	0.12±0.005 b	0.17±0.039 ab
	3-戊烯-2-醇	3-penten-2-ol	20.446	0.16±0.003	0.51±0.228	
	(E)-2-戊烯醛	(E)-2-pentenal	21.418	0.26±0.009	1.39±0.248	
脂肪酸衍生物	正己醛	hexanal	21.904	10.85±0.277 a	11.61±0.915 a	12.51±0.448 a
	丙酸丙酯	propanoic acid,propyl ester	22.118	0.11±0.002 b	0.20±0.023 a	0.21±0.023 a
	乙酸丁酯	acetic acid,butyl ester	22.399	1.35±0.015 a	1.37±0.108 a	1.61±0.101 a
	糠醛	furfural	23.906	0.21±0.025 b	0.26±0.064 b	0.41±0.041 a
	叶醇[(Z)-3-己烯-1-醇]	(Z)-3-hexen-1-ol	24.159	1.83±0.803 b	4.88±0.725 a	3.09±0.402 ab
	1-庚醇	1-heptanol	24.589	2.85±0.599 a	5.42±0.433 a	6.61±2.239 a
	2-庚酮	2-heptanone	26.146	0.57±0.085 b	1.04±0.022 a	0.74±0.058 b
	2-甲基-2-环戊烯酮	2-methyl-2-cyclopentenone	27.203		0.45±0.254	0.12±0.012
	异丁酸异丁酯	isobutyl isobutyrate	29.231	0.11±0.011 b	0.49±0.111 a	0.06±0.004 b

挥发物类别	挥发物名称	挥发物名称（英文）	保留时间/min	样点1(no tide+no FR) 相对含量/%	样点3(regular FR) 相对含量/%	样点4(irregular FR) 相对含量/%
	(Z)-2-庚烯醛	(Z)-2-heptenal	29.497	0.39±0.006 a	0.34±0.006 b	0.28±0.019 c
	1-庚烯-3-醇	1-hepten-3-ol	29.882	0.24±0.010 b	0.25±0.012 b	2.90±0.239 a
	甲基庚烯酮	6-methyl-5-hepten-2-one	30.543	2.34±0.255 a	2.42±0.144 a	3.15±0.392 a
	乙酸叶醇酯	(Z)-3-hexenyl-1-acetate	31.195	4.87±0.334 a	2.91±1.124 ab	1.25±0.504 b
	(E)-2-辛烯-1-醇	(E)-2-octen-1-ol	31.343	3.42±0.176 c	6.21±0.401 a	4.92±0.544 b
	异辛醇	2-ethyl-1-hexanol	32.142	6.85±0.469 a	5.50±0.258 b	5.54±0.346 b
脂肪酸衍生物	(E)-2-辛烯醛	(E)-2-octenal	34.362	0.74±0.006 a	0.51±0.017 b	0.38±0.040 c
	正辛醇	1-octanol	35.826	0.73±0.013 a	0.65±0.169 a	1.00±0.162 a
	正壬醛	nonanal	36.24	13.20±0.502 a	10.66±0.549 a	9.31±2.277 a
	4-甲基-1-十一烯	4-methyl-1-undecene	37.775	1.66±0.222		
	乙酸-2-乙基己酯	2-ethylhexyl ester acetic acid	38.117	1.63±0.110 a	0.28±0.003 b	0.27±0.022 b
	异佛尔酮	isophorone	38.597	0.80±0.050 a	0.52±0.006 b	0.56±0.114 b
	(E)-2-壬烯醛	(E)-2-nonenal	39.333	0.53±0.004 a	0.33±0.006 b	0.47±0.062 a
	癸醛	decanal	41.166	5.86±0.328 a	4.93±0.443 a	6.32±0.595 a
	4-甲基辛烷	4-methyloctane	24.747	0.32±0.002	0.46±0.078	
	癸烷	decane	30.931	0.98±0.159	1.28±0.054	
饱和烷烃类	十一烷	undecane	40.419	2.81±0.144	1.89±0.180	
	4,6-二甲基十二烷	4,6-dimethyl dodecane	44.605	5.50±0.302 a	2.62±0.095 b	3.20±0.370 b
	十三烷	tridecane	45.176	0.96±0.024 a	0.84±0.091 a	0.93±0.098 a
	3,7-二甲基癸烷	3,7-dimethyl decane	46.663	2.40±0.087 a	0.97±0.182 b	0.85±0.264 b

注：表中不同字母（a、b、c）表示样点间差异显著性。

负相关（样点 2：$P<0.05$；样点 3：$P<0.05$；样点 4：$P<0.05$），土壤盐度的增加降低了柽柳种子产量，但土壤含水量对种子产量影响不大。柽柳密度与产种量的拟合关系表明，随着柽柳密度的增加，种子产量先增加后减少，呈现 ∩ 形［$P<0.01$，图 3-8（b）］，说明柽柳种群聚集在一定范围内可以促进其自身繁殖成功。

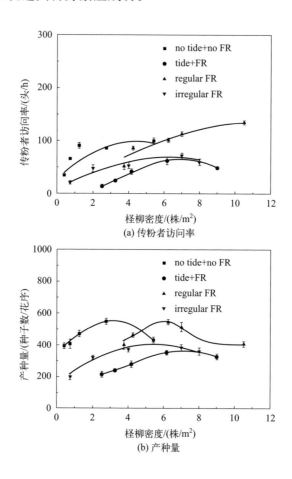

图 3-8 柽柳密度与传粉者访问率和产种量的回归分析

研究表明，植物密度的增加能够促进地上-地下生物量平衡（Weiner 等，2004）、枝-叶生长平衡（Westoby 等，2002）。这种平衡有助于调节净光合速率和蒸腾速率，从而改善异质环境中的植物生长（Givnish 等，2002）。冠层密度较低时会降低气孔周围的温度和湿度，并增加光对下部叶片的穿透，有助于增加气孔导度，加快柽柳叶片蒸腾速率，从而促进土壤蒸发（Cochard 等，2000）。在柽柳密度较低时，土壤下层中无机盐随水分蒸发而不断上移至土壤表层，并逐渐在土壤孔隙空间中积累，导致表层土壤盐度提高。柽柳密度增加有助于提高柽柳叶面积以及提供遮阴作用，降低柽柳种群斑块内微环境的温度，并且在中等密度时，最适温度和湿度使柽柳的净光合速率、蒸腾速率和气孔导度达到最大化（赵连春等，2018）。在相邻植物之间的遮阴作用下，土壤蒸发作用减弱，有助于提高土壤含水量并降低土壤盐度（Callaway 等，1997a；Liu 等，2019）。然而，过密的柽柳斑块易产生郁闭的微气候，导致斑块内部通风和透光不足，并且郁闭的种群斑块加剧了柽柳枝-叶间异速生长，使得叶面积和数量、净光合速率和蒸腾速率趋于下降（赵连春等，2018）。这种现象反过来会促进土壤中盐分的积累。以往研究显示，高密度的柽柳与土壤中的高盐积累有关（Zhao 等，2019）。

　　为进一步明确不同环境中环境因素-柽柳反馈过程和柽柳-传粉者交互过程中柽柳最适密度范围，本研究基于柽柳密度与土壤因素、开花性状、传粉者访问率与产种量之间的回归分析曲线，计算了当土壤条件、花朵性状、传粉者访问率和产种量最优时所对应的柽柳密度（图3-9，书后另见彩图）。结果表明，与其他3个样点相比，样点3的最佳柽柳密度范围更广，这说明与无淡水恢复（样点1）和不规则淡水恢复（样点4）相比，规律性淡水恢复区域（样点3）的柽柳种群不易受到环境胁迫的影响，柽柳与其传粉者之间的关系更稳定。预测种群繁殖力最优时所需要的植物密度，可以指导不同生境条件下柽柳种群的恢复和管理工作。当管理者通过人工移栽恢复柽柳种群时，在恶劣环境下，由于最佳密度范围较窄，对柽柳移植密度的管理应更严格。然而，在环境因素相对温和、适宜的条件中，可以适当放宽对柽柳移植密度的要求，因为适宜环境中柽柳的最佳密度范围更广。

　　综上所述，环境因素-柽柳反馈作用通过改变柽柳开花特征和传粉者访花酬物对柽柳-传粉者之间的互惠共生关系产生影响。结果表明，柽柳种群密度增加改善了其周围环境条件，间接影响了柽柳-传粉者之间的交互作用关系。柽柳开花特征则通过反馈环进一步影响传粉者访问率和柽柳种子产量。中等柽柳种群密度下，土壤盐分的下降和水分的增加提高了柽柳总状花序数量和总状花序长度，增加了花朵挥发物释放总量，尤其是对传粉者具有重要吸引作用的脂肪酸衍生物和萜类化合物，使得传

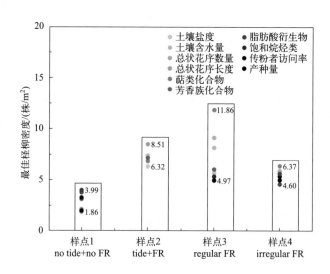

图 3-9　当土壤条件、花朵性状、传粉者访问率和产种量达到最大值时 4 个样点的最佳柽柳密度

粉者访问率和柽柳种子产量均达到最优水平。种群密度的持续增加使柽柳种群内部发生种内竞争作用，导致植物种群对光照、水分、养分等资源条件及生存空间的竞争，改变种群内部每个植株可获得性资源的数量。因此，柽柳个体之间对土壤水分、养分、光照的竞争造成花序长度、花序数量和挥发物释放量的下降，可能是高密度下传粉者访问率和柽柳繁殖能力降低的原因。

小结

　　综上，本章结合野外监测试验和室内分析试验，明确了环境因素-柽柳反馈作用机制和柽柳-传粉者交互作用机制，量化了传粉者对柽柳密度的功能响应关系。研究结果发现，柽柳密度增加改善了土壤条件（降低土壤盐分和增加含水量）和花朵展示（增加花序数量和延长花序长度），提高了花朵挥发物释放量，特别是脂肪酸衍生物和萜类化合物的释放，从而有利于传粉者访花和柽柳繁殖。中等种群密度下柽柳对土壤条件的调节能力最强并获得最高繁殖产出。在高密度条件下，土壤盐分的增加、花序数量和长度的下降以及花朵挥发物释放量的减少是导致传粉者访问率下降和随后植物繁殖产出降低的原因。

本章研究结果表明，种群密度增加是柽柳抵御环境胁迫、保障种群繁殖的重要策略。种群密度的变化通过反馈土壤水分和盐分，在种群尺度形成促进效应，同时通过改变花朵挥发物扩散及传粉者觅食成功率与访花频率，影响植物种群繁殖能力以及柽柳种群修复效果的可持续性。柽柳种群修复实践中，建议定植密度为 $3\sim6$ 株$/m^2$，但在环境因素相对温和、适宜的条件中，可以适当放宽对柽柳移植密度的要求。与此同时，规律性淡水恢复有助于柽柳生长和存活，对维持柽柳-传粉者共生关系的稳定性、促进柽柳种群繁殖具有积极作用。

第 4 章

黄河三角洲柽柳-传粉者互作下传粉者空间分布格局

本章在黄河三角洲柽柳-传粉者交互作用机制的基础上，耦合柽柳花朵挥发物扩散过程、传粉者对花朵挥发物的行为响应过程、传粉者对柽柳密度的功能响应关系以及传粉者移动扩散过程，构建了花朵挥发物介导的、密度制约的传粉者移动扩散模型，实现了对传粉者觅食过程、扩散过程和空间分布格局的模拟，分析了影响传粉者觅食成功和移动扩散的关键因素，在此基础上进一步模拟了柽柳繁殖力空间分布规律，阐明了传粉者移动扩散过程对柽柳繁殖成功的促进作用（图 4-1）。

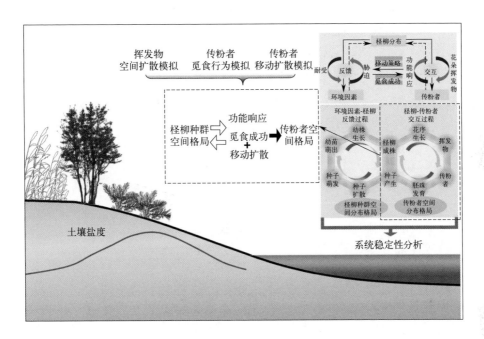

图 4-1 本章研究框架

4.1　传粉者空间分布格局模型结构

4.1.1　柽柳花朵挥发物扩散模型

本研究采用高斯羽流模型（Gaussian plume model，GPM）模拟柽柳花朵挥发物空间扩散规律。高斯羽流模型广泛用于连续点源的大气扩散模拟（图 4-2），它假设羽流在顺风向 x 方向随风速呈非随机扩散状态，而羽流在横风向 y 方向和垂直风向 z 方向呈高斯分布。假设挥发物释放点源位于坐标（x_0，y_0，z_0）处，且恒速风沿 x 轴方向吹。基于 Pasquill-Gifford 稳定度分级（Fritz 等，2005；Gifford 等，1962），高斯羽流扩散模型的一般形式可表述为：

$$C_{(x,y,z)} = \frac{Q}{2\pi\mu\sigma_y\sigma_z} \exp\left(-\frac{y^2}{2\sigma_y^2}\right) \left\{\exp\left[-\frac{(z+H)^2}{2\sigma_z^2}\right] + \exp\left[-\frac{(z-H)^2}{2\sigma_z^2}\right]\right\}$$

(4-1)

式中　$C_{(x,y,z)}$——坐标（x，y，z）处花朵挥发物浓度，$\mu g/(m^3 \cdot s)$；

x，y 和 z——距释放源的顺风距离、横风距离和垂直高度，m；

Q——挥发物有效源强，$\mu g/(m^3 \cdot s)$；

μ——沿挥发物羽流中心线的水平风速，m/s；

H——挥发物释放源的有效高度，即植株高度，m；

σ_y 和 σ_z——花朵挥发物在横风方向和垂直方向上的扩散系数，m，与距离释放源的下风距离（x）和大气条件有关。

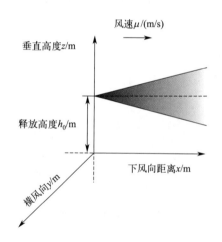

图 4-2　高斯羽流扩散模型示意图

花朵挥发物的扩散过程受大气稳定条件的强烈影响，本研究根据 Pasquill-Gifford 稳定性分类对大气条件（农村条件）进行分级（表 4-1 和表 4-2）（Fritz 等，2005；Li 等，2017）。在挥发物扩散模拟中，假设当羽流浓度达到最小值 0.10pptv（parts per trillion by volume，即百万分之一体积比）时，挥发物终止扩散，即柽柳花朵挥发物扩散的临界阈值为 0.10pptv。柽柳花朵挥发物扩散模型及后续传粉者觅食响应和移动扩散模型均使用 Python 3.9 进行编程模拟。

表 4-1 不同气象条件对应的 Pasquill 稳定度分级（Fritz 等，2005）

地面风速/（m/s）	太阳辐射（白天）			云量（夜晚）	
	强	中等	弱	多云（≥4/8）	晴朗（≤3/8）
<2	A	A～B	B	—	—
2～3	A～B	B	C	E	F
3～5	B	B～C	C	D	E
5～6	C	C～D	C	D	D
>6	C	D	D	D	D

表 4-2 乡村环境中不同 Pasquill-Gifford 稳定度等级下的羽流扩散系数 （Li 等，2017）

Pasquill-Gifford 稳定度等级	$\sigma_x = \sigma_y / m$	σ_z / m
A	$0.22x(1+0.0001x)^{-0.5}$	$0.20x$
B	$0.16x(1+0.0001x)^{-0.5}$	$0.12x$
C	$0.11x(1+0.0001x)^{-0.5}$	$0.08x(1+0.0002x)^{-0.5}$
D	$0.08x(1+0.0001x)^{-0.5}$	$0.06x(1+0.0015x)^{-0.5}$
E	$0.06x(1+0.0001x)^{-0.5}$	$0.03x(1+0.0003x)^{-1}$
F	$0.04x(1+0.0001x)^{-0.5}$	$0.016x(1+0.0003x)^{-1}$

花朵挥发物的空间扩散易受大气条件的影响，如风速、温度和湿度（Kim 等，2020）。自然景观中，植被作为表面粗糙度的一种形式，直接影响风速剖面，并在植株背风处形成尾流区域（Mayaud 等，2017a）。低孔隙率元素（即异质景观中的高植被覆盖率）会引起湍流并在尾流区域产生低速流动区（Mayaud 等，2017b）。相比之下，异质景观中植被覆盖率的减少导致直接背风面的风速提高，从而抑制了花朵挥发物的扩散，例如空间某位置处气体羽流浓度和通量下降（Brunet 等，2020；Cheng 等，2018；Kanani-Sühring 等，2017；Ma 等，2019）。

根据黄河三角洲地区历年风速变化规律（详见 2.1.1 部分），本研究以 4m/s 风速作为花朵挥发物扩散的初始风速，由于植被的存在会造成风速衰减，因此根据景观光学孔隙率估算挥发物扩散下风向实际风速，光学孔隙率被参数化为未植被覆盖的百分比（即非生境百分比，non-habitat percentage，NHP），计算公式如下（Mayaud 等，2017b）：

$$u_{surf} = (u_{ref} - u_0)(1 - e^{-b\frac{x}{h}}) + u_0 \qquad (4-2)$$

$$u_0 = u_{ref}(0.0146\theta_p - 0.4076) \qquad (4-3)$$

$$b = 0.0105\theta_p + 0.1627 \tag{4-4}$$

式中　　u_{surf}——沿多孔元件尾流中心线的表面风速恢复率，m/s；

　　　　u_{ref}——未受植被干扰的参考流速（即初始风速），m/s；

　　　　u_0——植株下风向的最小风速，m/s；

　　　　x/h——距最近植株的下风向距离（以植物株高计算），m；

　　　　b——表示参数化曲线恢复率的拟合系数；

　　　　θ_p——光学孔隙率。

4.1.2　花朵挥发物介导下传粉者觅食模型

具体来说，传粉者的整个觅食过程包括以下两个阶段。

阶段 1：传粉者定位挥发物羽流，即传粉者起飞—成功探测到挥发物羽流。

阶段 2：传粉者定位植物花朵，即传粉者成功探测挥发物羽流—传粉者在植物斑块间移动扩散。

目前关于植物-传粉者交互作用中传粉者种群动态和觅食行为的常见模型如下。

① 基于种群动力学的种群动态模型：考虑 Holling Ⅱ 型或者 Beddington-DeAngelis 功能反应的种群动力学模型（Fishman 等，2010；Huang 等，2017；Revilla 等，2018）。

② 基于能量收支的权衡模型：生理-形态（body-size）权衡模型（Baveco 等，2016；Benadi 等，2018）。

③ 基于栖息地利用理论的觅食行为模型：Lonsdorf 模型（Koh 等，2016；Lonsdorf 等，2009）和中心觅食模型（central place foraging model，CPF 模型）（Olsson 等，2014；Olsson 等，2015；Olsson 等，2008）。

④ 基于最佳觅食理论的随机游走模型（random walk model）（Hadley 等，2012；Nolting 等，2015）。

这些模型中，第一种模型重点关注植物-传粉者交互作用中两个生物种群的动态变化规律，其余三种模型都更加关注传粉者觅食策略或者觅食行为对传粉效率的影响。其中，基于能量收支的权衡模型和基于栖息地利用理论的觅食行为模型通过分析传粉者传粉效率和载粉能力，以实现传粉者能量收益最大化（生理-形态权衡模型）或者适应度最大化（CPF 模型）为目标，在传粉者空间分布格局模拟方面应用有限。在明确传粉者空间分布规律方面，随机游走模型的应用范围更广，特别是在描述资源信号吸引介导的传粉者的理想自由分布方面（Nolting 等，2015；Reynolds 等，2009）。

以往的研究表明，传粉者通常在资源丰富的地区密集觅食，而在资源贫乏的地区广泛觅食，这种复合觅食策略有助于传粉者最大限度地提高搜索效率。在复合觅食策略中，Lévy walk 代表了传粉者最佳搜索策略（Fuentes 等，2016；Viswanathan 等，1999）。在该模型中，传粉者觅食飞行由步长（l）和水平角（θ）决定（图 4-3，书后另见彩图）。水平角（θ）在 $[0, 2\pi)$ 上服从均匀分布，步长服从帕累托分布（Pareto distribution）：

$$P(l) = \left(\frac{l}{l_0}\right)^{-\delta} \tag{4-5}$$

式中 l_0——最小步长，m；

　　　δ——取值 1～3 的参数，δ 取值决定了随机游动的类型，$\delta \rightarrow 1$ 产生接近弹道（即直线）运动式的随机游动，$\delta = 3$ 时产生的移动行为类似于布朗运动，$\delta = 2$ 时为超扩散 Lévy 行走模型，代表了最佳搜索策略（Nolting 等，2015）。模拟假定传粉者以 1m 的恒定初始高度和 2m/s 的恒定速度飞行。每个传粉者的飞行步长被分成大小为 l_0 的子步长（substep，$l_0 = 1m$）。

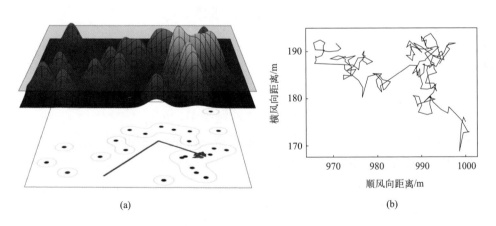

(a) 　　　　　　　　　　　　(b)

图 4-3　非定向感官觅食者行为的示意图（引自 Nolting 等，2015）（a）和 Lévy walk 模式下传粉者移动轨迹示意图（b）

自然界中，动物往往通过嗅觉器官来寻找食物、同伴和配偶（Dudareva 等，2006；Suwannapong 等，2010；Wright 等，2004），嗅觉器官的敏感性决定了动物能否成功识别和感知气体挥发物羽流（Leal 等，2013；Sanchez-Gracia 等，2009）。对传粉者来说，如果任何给定位置的化学刺激信号浓度低于传粉者的探测阈值，则其嗅觉系统不会产生电生理反应，即使它们已经处于稀薄的气味场（scentscape）中（Daly 等，2007；Linander 等，2012）。因此，模型设定传粉者每次移动一个子步长，通过比较挥发物羽流浓度与传粉者对给定化合物的探测阈值，判断传粉者是否可以识别其当前位置的花朵挥发物羽流。当羽流浓度高于传粉者的探测阈值时，则认为传粉者能够成功定位挥发物羽流。成功定位羽流后，传粉者在挥发物扩散场内沿挥发物浓度梯度飞行，不断向高挥发物浓度处移动。若挥发物羽流浓度低于传粉者探测阈值，则传粉者继续采用 Lévy walk 移动一个子步长。若在模拟时长内传粉者始终没有成功探测到挥发物羽流，则传粉者觅食过程终止，结束飞行。本模拟中考虑了柽柳花朵挥发物经高斯羽流模型（GPM）扩散后产生的 6 种挥发物羽流（详见 4.2.1 部分）。根据已有研究资料，将传粉者的探测阈值设置为 0.05pptv、0.10pptv、0.50pptv、1.00pptv、2.00pptv 和 3.00pptv。传粉者觅食过程中模拟时长为 180min，时间步长为 1s，模拟结束后统计不同探测阈值时传粉者对不同花朵挥发物的觅食成功率。

4.1.3　密度制约效应下传粉者移动扩散模型

严格来说，传粉者成功探测到花朵挥发物后的觅食过程可分为两个阶段：一是成功检测到挥发物羽流—抵达花圃，传粉者沿花朵挥发物羽流浓度梯度飞行；二是传粉者抵达花圃后在花圃内各资源斑块之间移动扩散。具体而言，在进入花圃前的移动过程中，传粉者沿着花朵挥发物的浓度梯度觅食。假设传粉者当前位置为网格 x，则传粉者根据网格 x 周围 8 个网格中的挥发物浓度决定下一时刻的位置。移动规则如下：传粉者遍历周围 8 个网格的挥发物浓度，并计算这些网格挥发物浓度的矢量和。根据矢量和方向，传粉者确定觅食方向并移动到矢量和所指示的网格（图 4-4 中左图）。当传粉者移动到下一个网格时，则通过向量计算再次确定移动位置和方向，直到它移动到花圃边界。在浓度梯度引导的传粉者移动过程中，所有成功探测到花朵挥发物的传粉者都可以到达花圃，这意味着实际进入花圃的传粉者数量是传粉者初始数量和觅食成功率的乘积。

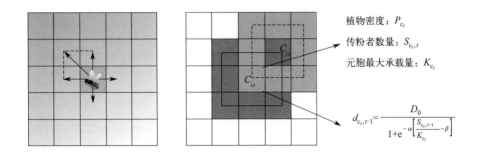

图 4-4 挥发物介导的、密度制约的传粉者移动扩散示意图

　　传粉者在花朵资源斑块间的移动扩散过程受到植物资源异质分布、资源承载力、传粉者互作关系的影响（Cervantes-Loreto 等，2021；Spiesman 等，2016），已有研究表明蜜蜂类传粉者存在密度制约觅食行为（density-dependent foraging behavior）（Rands 等，2010；Schiller 等，2000；Schmitt 等，1983）。本研究中，对柽柳及其传粉者的野外监测试验亦发现，高密度柽柳斑块中花序数量和长度的下降，加剧了传粉者对花朵资源的竞争，促使高密度柽柳斑块中传粉者迁出。为模拟传粉者个体在植物斑块之间的移动扩散，我们应用元胞自动机构建立了基于个体的传粉者移动扩散模型（图 4-4 中右图）。花圃中的每个元胞由植物密度 P_{c_i}、传粉者数量 $S_{c_i,t}$ 和最大承载能力 K_{c_i} 3 个元素组成。任何元胞在时刻 t 的状态取决于其在上一时刻 $t-1$ 的状态及在 $t-1$ 时刻相邻元胞的状态。整个模拟过程中，所有元胞都按照相同规则进行状态变换。个体传粉者根据其扩散速度、扩散方向和扩散量在植物斑块之间移动，即 t 时刻 c_i 元胞中传粉者个体数量 $S_{c_i,t}$ 是基于 $t-1$ 时刻 c_i 元胞个体数量、$t-1$ 时刻从 c_i 元胞迁出个体数量以及 $t-1$ 时刻从周围 8 个元胞迁入 c_i 元胞的个体数量计算的。需指出的是，本模拟中我们仅考虑传粉者针对花朵资源竞争而引起的迁出行为，不考虑针对传粉者的捕食作用，即传粉者既不会因捕食而死亡，也不会聚集以避免捕食。

　　为了探索种内相互作用对传粉者移动的潜在影响，我们分别测试了两种移动扩散策略：不存在种内相互作用的密度无关扩散（density independent dispersal，DID）策略和存在种内相互作用的密度制约扩散（density dependent dispersal，DDD）策略。当采用 DID 策略时，假定传粉者的扩散速率是恒定的（$d=0.5$）（Harman 等，2020），而在模拟 DDD 策略下传粉者移动扩散时，传粉者的扩散速率取决于传粉者的同种密度。为了计算每个元胞中传粉者的扩散率，本研究采用密度制约扩散方程计算每个元胞中传粉者扩散率（Bocedi 等，2014）：

$$d_{c_i,t-1}=\frac{D_0}{1+e^{-\alpha\left(\frac{S_{c_i,t-1}}{K_{c_i}}-\beta\right)}} \tag{4-6}$$

式中　$d_{c_i,t-1}$——$t-1$ 时刻传粉者从元胞 c_i 的迁出率；

　　　　D_0——传粉者最大扩散率；

　　　　β——扩散曲线的拐点；

　　　　α——拐点 β 的斜率。

后 3 个参数决定了曲线的形状，根据前人的研究，这 3 个参数的取值如下：$D_0=0.6$，$\alpha=2$ 和 $\beta=1$（Kun 等，2006）。

（1）传粉者的扩散方向

该模型假设每个元胞中的个体传粉者可以感知周围 8 个元胞，传粉者在扩散过程中总是朝向高质量资源（即最高植物密度）的元胞扩散（图 4-4）。

（2）传粉者的扩散数量

t 时刻元胞 c_i 中传粉者的数量可以表示为：

$$S_{c_i,t}=S_{c_i,t-1}+I_{c_i,t-1}-E_{c_i,t-1} \tag{4-7}$$

$$E_{c_i,t-1}=S_{c_i,t-1}d_{c_i,t-1} \tag{4-8}$$

$$I_{c_i,t-1}=\sum_{j=1}^{N_{c_i}}\left[\frac{P_{c_j}}{\sum_{k=1}^{N_{c_j}}P_{c_k}}E_{c_j,t-1}\right] \tag{4-9}$$

$$K_{c_i}=f(P_{c_i}) \tag{4-10}$$

式中，$S_{c_i,t}$ 是在 t 时刻元胞 c_i 传粉者的数量，它与在 $t-1$ 时刻元胞 c_i 传粉者的数量 $S_{c_i,t-1}$、在 $t-1$ 时刻传粉者从元胞 c_i 迁出的数量 $E_{c_i,t-1}$ 以及传粉者从元胞 c_i 周围 8 个元胞中迁入元胞 c_i 的数量 $I_{c_i,t-1}$ 有关。其中，$E_{c_i,t-1}$ 取决于 $t-1$ 时刻元胞 c_i 传粉者的数量和密度制约扩散率 $d_{c_i,t-1}$。$I_{c_i,t-1}$ 取决于 $t-1$ 时刻传粉者从元胞 c_i 迁出的数量 $E_{c_i,t-1}$ 和元胞 c_i 中斑块质量（即斑块内柽柳密度）占元胞 c_j 中周围 8 个元胞总斑块

质量的百分比 $P_{c_i} / \sum_{k=1}^{N_{c_j}} P_{c_k}$，该比例决定了传粉者从元胞 c_j 周围 8 个元胞迁入元胞 c_i 的比例。元胞 c_j 是指元胞 c_i 周围的元胞，N_{c_i} 和 N_{c_j} 分别指元胞 c_i 和 c_j 周围的元胞数量，K_{c_i} 为元胞 c_i 的最大承载力，与植物密度 P_{c_i} 有关。

（3）传粉者功能响应方程

结合野外监测结果和已有研究，采用饱和功能反应函数来模拟植物密度与相应承载能力之间的关系。该函数假设传粉者不区分植物物种，传粉者的数量仅与植物密度有关，公式如下（Feldman 等，2004）：

$$f(P_{c_i}) = \frac{aP_{c_i}^c}{1 + bP_{c_i}^c} \tag{4-11}$$

式中　$f(P_{c_i})$——每个元胞所承载的最大传粉者数量；

　　　P_{c_i}——元胞 c_i 内植物密度；

　　　a/b——在高植物密度情况下传粉者的渐近数量；

　　　$1/b$——传粉者数量达到最大值 $1/2$ 时的植物密度。

参数 b 和 c 决定了曲线的形状，取值如下：$a = 65.73$，$b = 0.44$ 和 $c = 1.00$（Feldman 等，2006）。

4.2　传粉者空间分布格局模型模拟结果及验证

4.2.1　柽柳花朵挥发物选择及模拟域设置

根据第 3 章中对柽柳花朵挥发物的分析测定结果，本研究选择正己醛（hexanal，Hex）、叶醇[(Z)-3-hexen-1-ol，Z3H]、苯乙醛（benzeneacetaldehyde，Ben）、苯乙烯（styrene，Sty）、柠檬烯[S-(—)-limonene，Lim]和芳樟醇（linalool，Lin）6 种物质用于柽柳花朵挥发物扩散模拟，以上 6 种物质的基础释放速率（basal emission rates，E_s）详见表 4-3。模拟中，假定柽柳花朵挥发物扩散中源强 Q 与挥发物基础释放速率 E_s 和花序数有关，花序数与柽柳密度的关系基于 3.2.3 部分研究结果：

$$Q = E_s R_{raceme} \tag{4-12}$$

$$R_{raceme} = -2233.89 + 2438.91 \times \exp\left[-0.5 \times \left(\frac{P_{c_i} - 3.10}{9.47}\right)^2\right] \tag{4-13}$$

采用 2.2 部分研究中通过无人机机载激光雷达系统获取的正射影像
为柽柳分布底图,分辨率为 0.01m×0.01m。在 ENVI 5.3 软件中使用最
大似然法对该正射影像进行监督分类(图 4-5,书后另见彩图)。将研究
区内地物类型划分为植被覆盖区和非植被覆盖区(包括裸地和水域),计
算得到植被覆盖区和非植被覆盖区的总面积和百分比,并计算相应风速。
以整个研究区域作为花圃(600m×600m)并将其网格化(分辨率 10m×
10m),计算每个网格内植物密度。其中,无植物占据的网格内植物密度
设为 10^{-16},此举是因为如果非覆盖区植物密度全为 0,那么在此二维空
间中传粉者会由于缺乏扩散通道而无法移动至孤立网格中,导致模拟失
败。由于最后统计每个网格内传粉者数量时将进行取整处理,因此该设
定不会影响最终模拟结果。对花圃内植物密度完成初始设定以后,模拟
了 $2×10^5$ 只传粉者(以 Hex 为目标挥发物,探测阈值为 2.00pptv)的空
间分布格局和柽柳产种量的空间分布格局。将花圃中各植物密度划分为
不同密度等级(0~1 株/m²、1~2 株/m²、2~3 株/m²、3~4 株/m²、
4~5 株/m² 和 5~6 株/m²),将模拟结果与野外监测结果(2.3 部分中传
粉者访问率和柽柳产种量)进行比较,用以验证模型准确性。

表 4-3　柽柳挥发物扩散模拟中所选用的挥发物及其释放速率

类别	挥发物名称	缩写	相对含量/%	摩尔质量 /(g/mol)	释放速率 $(E_s)/[μg/(m^3 \cdot s)]$
脂肪酸衍生物	正己醛	Hex	10.85	100.16	$4.37×10^{-4}$
	叶醇	Z3H	1.83	100.16	$7.90×10^{-5}$
芳香族化合物	苯乙醛	Ben	4.12	120.15	$1.70×10^{-4}$
	苯乙烯	Sty	1.43	104.15	$6.32×10^{-5}$
萜类化合物	柠檬烯	Lim	5.59	136.23	$2.28×10^{-4}$
	芳樟醇	Lin	0.63	154.25	$3.14×10^{-5}$

4.2.2　柽柳花朵挥发物扩散规律和传粉者觅食成功率

模拟结果表明,柽柳花朵挥发物的扩散范围与挥发物的源强呈正相
关关系(表4-4)。在模拟的 6 种柽柳花朵挥发物中,正己醛(Hex)的扩
散距离最远(下风向 9.02km;横风向 1.90km)、扩散范围最广
(13.33km²),并且在模拟域的下风向区域内浓度最高(5.65pptv),而芳
樟醇(Lin)的扩散距离和扩散范围最小,且模拟域内羽流浓度最低(图

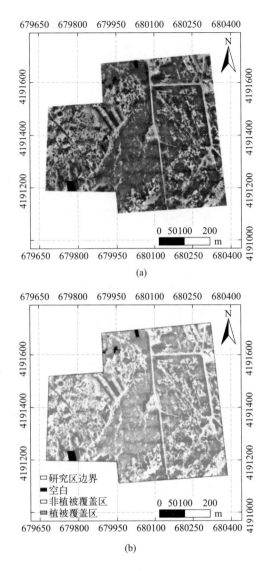

(a)

(b)

图 4-5 使用无人机机载激光雷达获取的研究区正射影像（a）以及
使用最大似然法对研究区监督分类，包括植被覆盖区和非植被覆盖区
（包括裸露地面、开阔水域）（b）

4-6，书后另见彩图）。

表 4-4 柽柳花朵挥发物的空间扩散规律

挥发物	下风向距离/km	横风向距离/km	扩散面积/km²	挥发物浓度/pptv
正己醛（Hex）	9.02	1.90	13.33	5.65
叶醇（Z3H）	3.62	0.94	2.82	1.03

挥发物	下风向距离/km	横风向距离/km	扩散面积/km²	挥发物浓度/pptv
苯乙醛(Ben)	4.91	1.17	4.68	1.82
苯乙烯(Sty)	3.16	0.87	2.28	0.79
柠檬烯(Lim)	5.37	1.26	5.43	2.17
芳樟醇(Lin)	1.77	0.68	1.02	0.27

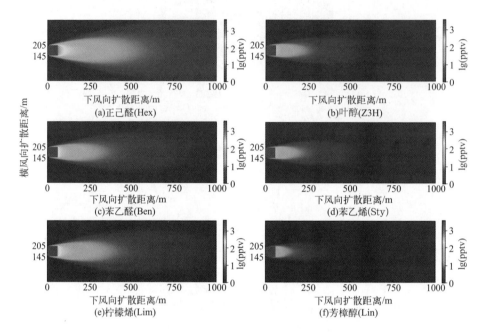

图 4-6 柽柳花朵挥发物空间扩散分布图

(图中 lg 为挥发物浓度的对数值)

传粉者是否能觅食成功取决于花朵挥发物的源强和传粉者的探测阈值。传粉者觅食成功率累积分布函数表明，随着时间的延长，成功定位羽流的传粉者的数量逐渐增加，并趋于稳定（图 4-7，书后另见彩图）。相比于高探测阈值的传粉者，低探测阈值的传粉者能找到的挥发物种类更多。例如，传粉者以 0.05pptv 寻找挥发物羽流时，180min 内找到羽流的传粉者数达到 94% 以上，不论是何种挥发物；当探测阈值提高到 0.50pptv 时，传粉者仅能找到高源强的挥发物 [正己醛（Hex）、柠檬烯（Lim）和苯乙醛（Ben）]。从探测成功所需的时间看，以 20% 探测成功率、探测阈值 2pptv 为例，传粉者成功探测正己醛（Hex）需要 71min，而探测柠檬烯（Lim）需要 109min，说明寻找低源强的花朵挥发物时传粉者需要的时间更多，这也意味着资源稀缺生境（如挥发物释放源强低）中传粉者觅食时间延长、觅食效率下降。

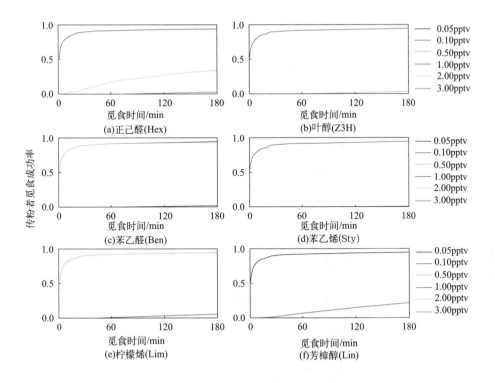

图 4-7 不同探测阈值的传粉者在 180min 内对 6 种柽柳花朵挥发物羽流的觅食成功率

4.2.3 传粉者和柽柳繁殖力空间分布格局及验证

航测研究区内传粉者的空间分布格局如图 4-8（书后另见彩图）所示。整体来看，DDD 和 DID 策略的传粉者的空间分布格局相似，两种策略下传粉者都倾向于聚集在植物密度高的中心斑块中，但在低密度和远距离的次优斑块内，DDD 策略传粉者的数量多于 DID 策略传粉者。从斑块位置来看，DDD 策略传粉者访问率比 DID 策略传粉者访问率高出 6.79%；而在中心斑块中，DID 策略传粉者访问率比 DDD 策略传粉者访问率高出 2.24%［图 4-8(d)］。从斑块密度来看，低密度（0～3 株/m²）斑块中，DDD 策略传粉者访问率比 DID 策略传粉者访问率高出 43.42%；而在高密度（3～6 株/m²）斑块中，DID 策略传粉者访问率比 DDD 策略传粉者访问率高出 7.75%（图 4-9，书后另见彩图）。这表明采用 DDD 策略的传粉者对低密度、远距离的次优植物斑块的利用率更高，而 DID 策略传粉者则倾向于围绕中心斑块、高密度斑块觅食。

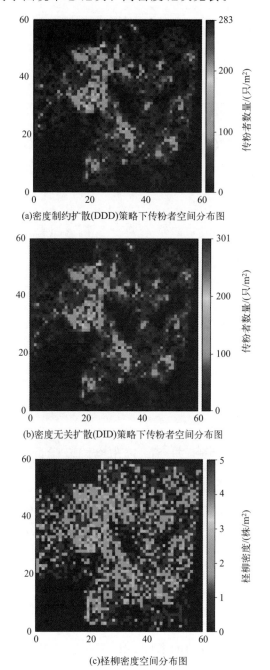

(a)密度制约扩散(DDD)策略下传粉者空间分布图

(b)密度无关扩散(DID)策略下传粉者空间分布图

(c)柽柳密度空间分布图

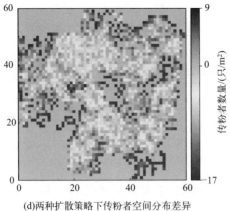

(d)两种扩散策略下传粉者空间分布差异

图4-8 柽柳与传粉者空间分布图

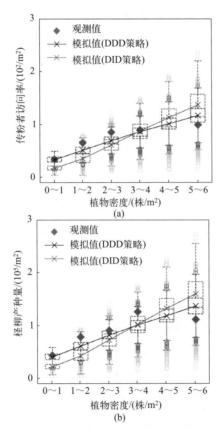

(a)

(b)

图4-9 不同植物密度等级下观测结果和模拟结果的对比

（a）不同植物密度等级下传粉者访问率变化图；（b）不同植物密度等级下柽柳产种量变化图

[书后彩图中黑色箱线图代表传粉者密度制约扩散（DDD）策略，红色箱线图代表传粉者

密度无关扩散（DID）策略]

我们将这些促进作用归因于传粉者对花朵资源的偏好。事实上，当中心斑块附近有足够的花朵资源时，传粉者会优先寻找中心斑块附近的花朵资源，而不是前往远距离的小斑块区域。在中心斑块附近就近觅食的行为偏好在获取能量上更有优势，因为前往远距离斑块需要更多的能量和更多的时间并面临更高的捕食风险，从而降低传粉者净能量收益（Hadley 等，2012；Olsson 等，2015）。然而，局部尺度的个体聚集导致授粉个体之间竞争作用加剧。在这种情况下，传粉者被迫前往更远的植物斑块，即使原有斑块及附近斑块的资源充足。此外，表现出 DDD 策略的传粉者的迁出率和数量往往高于表现出 DID 策略的传粉者，因为后者的迁出率不受同种密度的影响（Harman 等，2020）。因此，表现出 DDD 策略的传粉者访问高密度植物斑块的频率低于采用 DID 策略的传粉者。

基于传粉者空间分布格局模拟结果，进一步结合传粉者载粉能力和柽柳繁育能力，计算得到柽柳繁殖力空间分布格局。本研究中，柽柳繁殖力与传粉者数量 $N_{pollinators}$、传粉者载粉能力 E_{pollen}、花序数量 $N_{racemes}$ 和植物繁育系统 λ 有关。采用花粉-胚珠比 P/O 来计算柽柳繁殖能力，柽柳产种量 f_{seeds} 计算公式如下，参数取值详见表 4-5。

$$f_{seeds} = E_{pollen} N_{pollinators} N_{racemes} / \lambda \tag{4-14}$$

$$E_{pollen} = E_0 \omega \rho R (1 - \eta) \tag{4-15}$$

表 4-5　柽柳繁殖力计算中使用到的参数

模型参数	释义	取值	数据来源
λ	花粉-胚珠比	391	王仲礼等，2005
$N_{racemes}$	总状花序数量	208	野外监测试验(见 3.2.1 部分)
E_0	每总状花序的花粉数量	95000	刘家书，2018；王仲礼等，2005
R	传粉者每次访问转移的花粉数量	0.65	
ω	花粉落在传粉者身体上的比例	0.20	Ida 等，2009
ρ	每次访花时花粉沉降在花朵柱头上的比例	0.25	
η	传粉者飞行过程中损失的花粉比例	0.3	

模拟结果显示，受传粉者密度制约扩散（DDD）策略的影响，低密度斑块、远距离柽柳受到更多的传粉者访问［相比于采用密度无关扩散（DID）策略的传粉者］，提高了这些次优斑块中柽柳繁殖力。针对传粉者和柽柳产种量的空间分布格局的验证结果显示，当传粉者采用 DDD 策略时，不同柽柳密度等级下传粉者访问率和柽柳产种量的模拟结果与野外监测结果相似（图 4-9），表明本研究构建的挥发物介导的、密度制约的传粉者移动扩散模型在斑块尺度上能够较好地预测传粉者的觅食行为和

空间分布。

密度制约扩散（DDD）策略驱动的传粉者空间分布格局可以被视为同种个体相互作用的适应性结果（Zhang 等，2018）。由于密度制约扩散（DDD）策略鼓励传粉者利用离中心斑块（如蜂巢）更远的次优植物斑块，使得这类传粉者在低密度植物斑块中仍能获得相对较多的能量资源（例如花蜜和花粉），提高了传粉者对不适宜生境的适应能力。而对植物斑块来说，传粉者访问率提高使得低密度植物斑块能获得更多的花粉用于生产种子，从而降低植物种群遭受 Allee 效应的风险（Groom 等，1998；Lamont 等，1993）。对于高密度植物斑块来说，传粉者迁出导致种子产量下降，能够减轻植物子代在定植和生长过程中针对适宜空间位点和有效资源（例如光、养分）的竞争（Duncan 等，2004）。因此，对柽柳种群来说，传粉者密度制约扩散（DDD）行为对柽柳繁殖力空间异质性的调和作用将有助于提高种群持续性和环境适应性。

4.3　生境破碎化影响下传粉者空间格局响应规律

针对黄河三角洲地区生境破碎化和丧失不断加剧这一现状，为进一步探讨生境破碎化对传粉者觅食成功率和分布格局的影响，本研究使用具有不同植被覆盖率的异质景观作为花圃（Saura 等，2000），模拟不同生境破碎化程度下传粉者觅食成功率变化规律，以及传粉者和柽柳产种量空间分布规律，具体方法如下。

首先设置一个 1000m×350m 的模拟域，高度 $z=1m$，模拟域内空间分辨率为 1m×1m。使用 Simmap 2.0 算法生成了一系列不同植被覆盖率（即非生境比例，non-habitat percentage，NHP ＝ 0.40、0.50、0.60、0.70、0.80 和 0.90）的异质景观作为花圃（250m×250m，分辨率 1m×1m），花圃置于模拟域上风向边缘内侧（图 4-10 蓝色区域，书后另见彩图）。

不同 NHP 情景下的风速如表 4-6 所列。花圃中植物覆盖区域内植物密度随机（0.1～6.0 株/m²），而非植物覆盖部分植物密度设置为 10^{-16} 株/m²。设置 $1×10^6$ 只传粉者从模拟域的顺风边界中心点［坐标：（1000，175）］处释放，计算不同生境破碎化情景下传粉者对 6 种花朵挥发物的觅食成功率，并模拟不同移动扩散策略下传粉者的空间分布格局及其相应情景下的柽柳繁殖力。

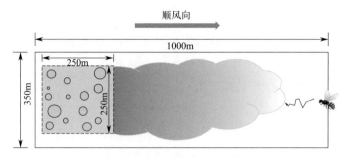

图 4-10 模拟域和挥发物扩散示意图

表 4-6 生境破碎化情景下不同非生境比例（non-habitat percentage, NHP）下的风速（u_{surf}）

NHP	0.40	0.50	0.60	0.70	0.80	0.90
$u_{surf}/(\text{m/s})$	1.17	1.53	1.87	2.77	3.35	3.73

4.3.1　生境破碎化对柽柳花朵挥发物扩散的影响

不同 NHP 情景下植物挥发物的空间特征表明，景观非植物覆盖区的增加对植物挥发物的扩散产生负面影响。随着 NHP 增加，挥发物羽流的扩散范围（例如，顺风距离、侧风距离和扩散面积）和浓度呈指数型下降：NHP 为 0.40～0.60 时迅速下降，超过 0.70 时缓慢下降 [图 4-11 和

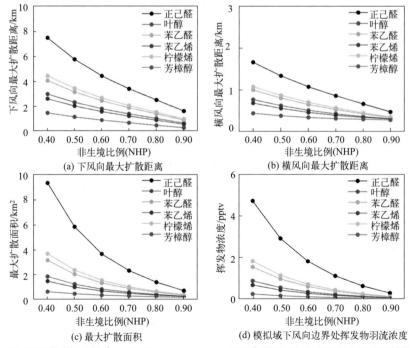

图 4-11 不同非生境比例（non-habitat percentage, NHP）情景下柽柳花朵挥发物空间扩散规律

图 4-12（书后另见彩图）]。生境破碎化条件下挥发物源强下降和尾流风速增加的双重效应是导致挥发物扩散范围呈指数型下降的原因。

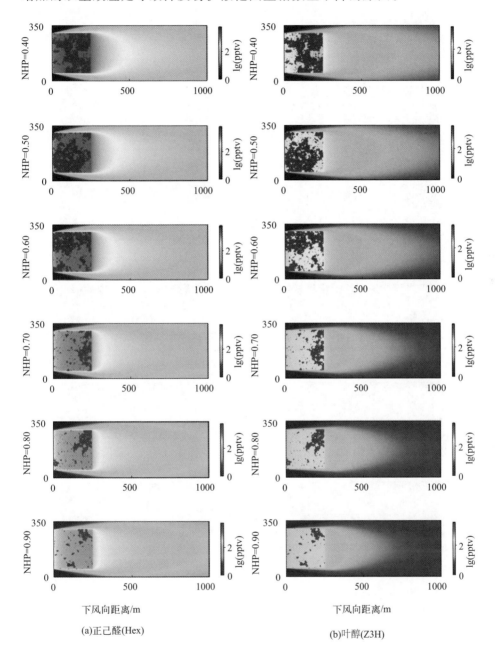

(a)正己醛(Hex)

(b)叶醇(Z3H)

图 4-12

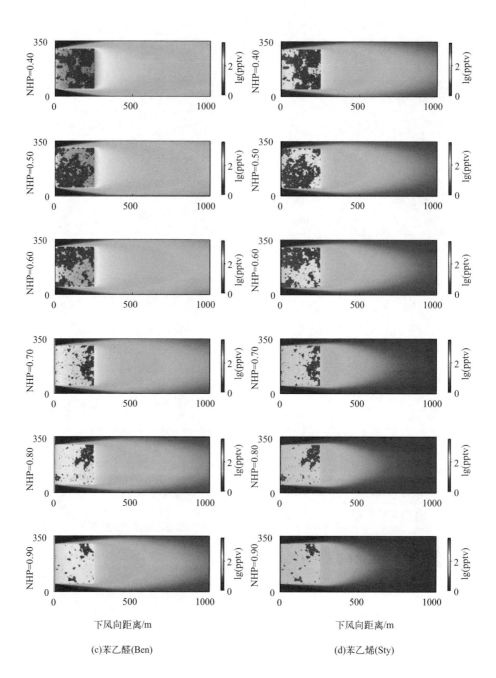

下风向距离/m

(c)苯乙醛(Ben)

下风向距离/m

(d)苯乙烯(Sty)

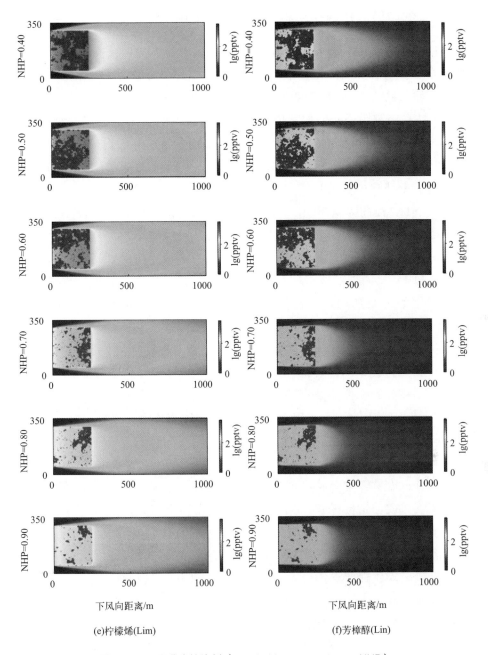

图 4-12 不同非生境比例（non-habitat percentage，NHP）
情景下 6 种挥发性羽流的二维空间分布

4.3.2 生境破碎化对传粉者觅食成功率的影响

破碎化生境中，传粉者定位花朵挥发物羽流所需时间受到花朵挥发物源强、传粉者探测阈值和景观 NHP 共同作用的影响。不同条件下传粉者的觅食成功率随时间的变化规律如图 4-13（书后另见彩图）所示。随着 NHP 和探测阈值的增加，传粉者需要更长的时间来定位挥发物羽流。例如，当 NHP＝0.40 时，无论探测阈值如何，在 30min 内成功定位正己醛（Hex）羽流的传粉者比例都大于 89％。也就是说，只有不到 11％的传粉者需要消耗 30min 以上的时间来定位正己醛（Hex）羽流。相比之下，当 NHP 提高为 0.70 时，探测阈值为 0.50pptv 和 1.00pptv 的传粉者分别需要 36min 和 54min 才能达到相似的觅食成功率。同样，传粉者以 0.05pptv 的阈值探测芳樟醇（Lin）时，传粉者成功探测挥发物所需的时间从 NHP＝0.40 时的 30min 延长到 NHP＝0.70 时的 125min，即随着生境破碎化的不断加剧，传粉者觅食时间延长，特别是高探测阈值的传粉者。

传粉者觅食成功率与不同 NHP 之间的拟合关系表明［图 4-14（书后另见彩图）和表 4-7］，传粉者觅食成功率对生境破碎化表现出两种响应关系：不显著的线性关系（$R^2＝0.34\sim0.58$）和显著的 logistics 型关系（$R^2＞0.98$）。当传粉者以＜0.50pptv 的探测阈值搜索正己醛（Hex）、以 0.05pptv 的探测阈值搜索苯乙醛（Ben）和柠檬烯（Lim）、以 3.00pptv 的探测阈值搜索苯乙烯（Sty）、以＞1.00pptv 的探测阈值搜索芳樟醇（Lin）时，传粉者觅食成功与 NHP 之间呈现出不显著的线性关系。在这些情况下，成功定位挥发物羽流的传粉者比例均＞95％或＜10％，表明此类情况下生境破碎化对传粉者觅食成功率的影响不显著。除此以外，传粉者觅食成功率与 NHP 之间均呈显著的 logistics 型关系。为深入了解不同生境破碎化程度下传粉者觅食成功率的变化，我们提出 NHP 临界阈值（critical thresholds of NHP）概念：生境破碎化背景下传粉者觅食成功率响应 NHP 变化的 logistics 型曲线斜率最大，即传粉者觅食成功率达最大下降速率时所对应的 NHP。以传粉者搜索正己醛（Hex）为例，当探测阈值为 1.00pptv、2.00pptv 和 3.00pptv 的传粉者搜索正己醛（Hex）时，NHP 的临界阈值分别为 0.77、0.61 和 0.55（图 4-14）。模拟结果表明，具有更高探测阈值的传粉者需要更大的生境比例，以最大

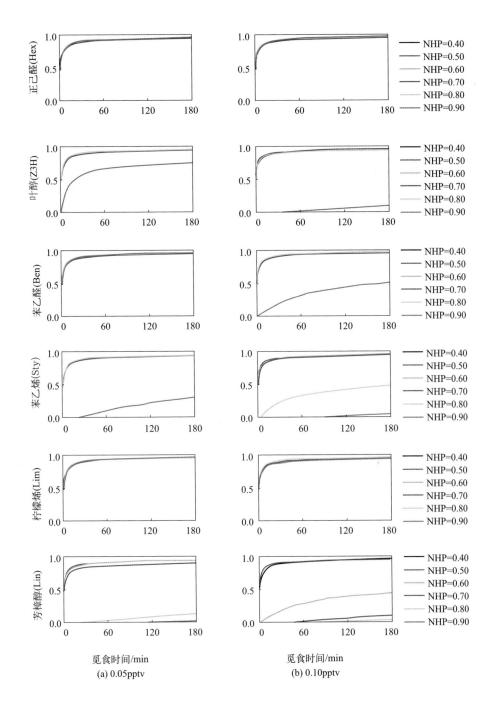

(a) 0.05pptv

(b) 0.10pptv

图 4-13

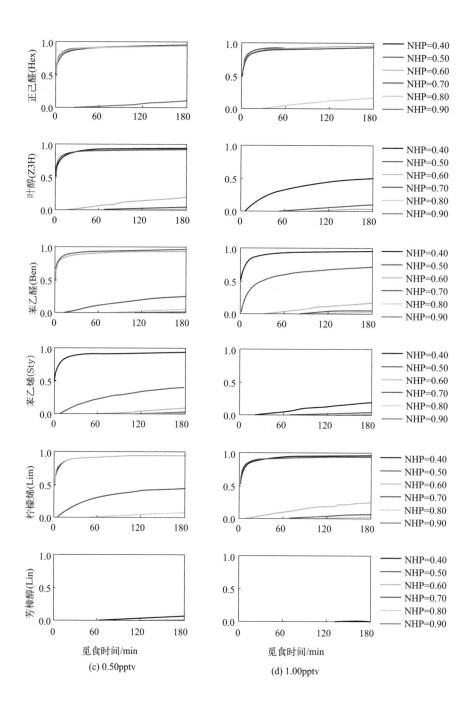

(c) 0.50pptv

(d) 1.00pptv

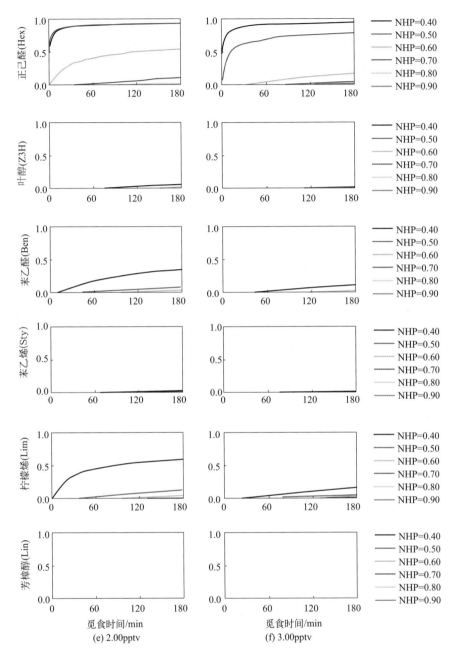

图 4-13 成功定位挥发物羽流的传粉者数量的累积分布函数（总觅食时间为 180min）

限度地提高觅食成功率。因此，在柽柳种群修复实践中，增加植物覆盖率有助于增加高探测阈值传粉者的觅食成功率，因为与低探测阈值的传粉者相比，高探测阈值传粉者更容易受到生境破碎化中 NHP 变化的影响。此外，研究结果还表明，与寻找高释放量挥发物（代表资源充足景观）时相比，传粉者在寻找低释放量挥发物（代表资源匮乏景观）时，需要较低的 NHP 临界阈值来最大限度地提高觅食成功的增长率。例如，当传粉者以 0.50pptv 的探测阈值（图 4-14 中的绿线）搜索不同释放量的挥发物羽流时，NHP 的临界阈值分别为 0.97 [搜索正己醛（Hex）]、0.69 [搜索柠檬烯（Lim）]、0.67 [搜索苯乙醛（Ben）]、0.57 [搜索叶醇（Z3H）]、0.48 [搜索苯乙烯（Sty）]，和 0.12 [搜索芳樟醇（Lin）]。

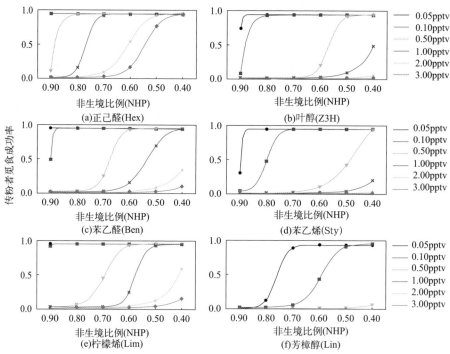

图 4-14 不同非生境比例（non-habitat percentage，NHP）下传粉者以不同探测阈值
对 6 种挥发物的觅食成功率（180min）

表 4-7 非生境比例（non-habitat percentage，NHP）与传粉者觅食成功率的拟合关系

花朵挥发物	探测阈值	关系式	R^2	F	P
正己醛 （Hex）	0.05pptv	$y=0.94+0.017x$	0.58	7.92	0.05
	0.10pptv	$y=0.94+0.017x$	0.58	7.92	0.05
	0.50pptv	$y=-16.51+17.46/[1+(x/0.97)^{41.95}]$	1.00	77566.71	<0.01
	1.00pptv	$y=0.013+0.093/[1+(x/0.77)^{41.61}]$	1.00	61862.98	<0.01
	2.00pptv	$y=0.013+0.095/[1+(x/0.61)^{16.51}]$	1.00	1013.29	<0.01
	3.00pptv	$y=0.012+0.093/[1+(x/0.55)^{16.97}]$	1.00	2690.85	<0.01

花朵挥发物	探测阈值	关系式	R^2	F	P
叶醇 （Z3H）	0.05pptv	$y=-3.09+4.03/[1+(x/0.92)^{154.02}]$	1.00	53638.34	<0.01
	0.10pptv	$y=-6.14+7.08/[1+(x/0.95)^{37.91}]$	1.00	77364.66	<0.01
	0.50pptv	$y=0.020+0.92/[1+(x/0.57)^{27.22}]$	1.00	841.29	<0.01
	1.00pptv	$y=0.0039+106.39/[1+(x/0.19)^{7.44}]$	1.00	2896.99	<0.01
	2.00pptv	$y=0.0017+54.83/[1+(x/0.12)^{5.62}]$	0.96	55.77	<0.05
	3.00pptv	$y=0.00074+15.75/[1+(x/0.070)^{3.81}]$	0.94	40.39	<0.05
苯乙醛 （Ben）	0.05pptv	$y=0.94+0.015x$	0.54	6.85	0.06
	0.10pptv	$y=-5.04+5.99/[1+(x/0.91)^{153.42}]$	1.00	50258.32	<0.01
	0.50pptv	$y=0.025+0.92/[1+(x/0.68)^{32.24}]$	1.00	1751.72	<0.01
	1.00pptv	$y=0.0096+0.94/[1+(x/0.53)^{14.59}]$	1.00	4797.76	<0.01
	2.00pptv	$y=0.0019+1.21/[1+(x/0.35)^{7.80}]$	1.00	8461.30	<0.01
	3.00pptv	$y=0.0033+106.00/[1+(x/0.15)^{7.11}]$	0.98	92.46	<0.01
苯乙烯 （Sty）	0.05pptv	$y=-6.85+7.79/[1+(x/0.91)^{151.60}]$	1.00	48698.82	<0.01
	0.10pptv	$y=0.028+0.92/[1+(x/0.80)^{40.57}]$	1.00	65900.04	<0.01
	0.50pptv	$y=0.0044+1.09/[1+(x/0.48)^{10.26}]$	1.00	13541.58	<0.01
	1.00pptv	$y=0.0018+41.54/[1+(x/0.18)^{6.49}]$	1.00	1750.28	<0.01
	2.00pptv	$y=0.0016+25.86/[1+(x/0.11)^{5.39}]$	0.97	63.88	<0.05
	3.00pptv	$y=0.015-0.016x$	0.72	14.07	<0.05
柠檬烯 （Lim）	0.05×10^{-12}	$y=0.94+0.017x$	0.58	7.92	0.05
	0.10pptv	$y=-15.54+16.48/[1+(x/0.94)^{148.87}]$	0.87	56630.17	<0.01
	0.50pptv	$y=0.022+0.93/[1+(x/0.69)^{23.60}]$	1.00	1625.47	<0.01
	1.00pptv	$y=0.022+0.92/[1+(x/0.58)^{27.59}]$	1.00	687.06	<0.01
	2.00pptv	$y=0.0014+63.32/[1+(x/0.20)^{6.99}]$	1.00	17170.59	<0.01
	3.00pptv	$y=0.0021+76.46/[1+(x/0.15)^{6.42}]$	1.00	567.83	<0.01
芳樟醇 （Lin）	0.05pptv	$y=0.011+0.93/[1+(x/0.76)^{37.54}]$	1.00	70741.93	<0.01
	0.10pptv	$y=0.020+0.94/[1+(x/0.59)^{18.08}]$	1.00	507.42	<0.01
	0.50pptv	$y=0.0023+82.88/[1+(x/0.12)^{6.02}]$	0.98	80.85	<0.01
	1.00pptv	$y=0.014-0.014x$	0.69	12.30	<0.05
	2.00pptv	$y=0.0075-0.0074x$	0.54	6.81	0.06
	3.00pptv	$y=0.0057-0.0054x$	0.35	3.63	0.13

以上模拟结果表明，柽柳花朵挥发物扩散过程受到生境破碎化引起的花朵挥发物源强下降和尾流风速增强的综合影响，导致花朵挥发物扩

散范围随着 NHP 的增加而呈指数型下降，传粉者往往需要更多的时间来成功定位花朵挥发物，导致传粉者觅食效率和觅食成功率呈 logistics 型显著下降，特别是具有高探测阈值的传粉者。这些结果也提示我们需要额外关注生境破碎化引起的微气候变化（例如局部风速变化），而不单是评估植物斑块数量和密度的变化，否则可能会低估生境破碎化对植物-传粉者相互作用和植物种群持续性的负面影响。

4.3.3　生境破碎化对传粉者及柽柳繁殖力空间分布格局的影响

对不同移动扩散策略传粉者的空间分布格局的模拟结果表明，在斑块尺度上，密度制约扩散（DDD）策略的传粉者访问率和植物密度之间的关系表现出饱和型关系，而密度无关扩散（DID）策略的传粉者访问率和植物密度之间的关系表现出线性关系 [图 4-15（a）和（b），箱线图，书后另见彩图]。从斑块密度和斑块位置来看，中低植物密度及边缘植物斑块受到 DDD 策略传粉者的访问要多于 DID 策略传粉者，而 DID 策略传粉者对高植物密度斑块的访问率要高于 DDD 策略传粉者。也就是说，表现出 DDD 策略的传粉者比表现出 DID 策略的传粉者更善于利用低密度植物斑块。因此，DDD 策略下传粉者的空间扩散格局能够有助于缓解植物繁殖力的空间分布差异，对维持破碎化生境中植物种群持久性和植物-传粉者相互作用稳定性具有重要作用（Harman 等，2020）。

但在景观尺度上，无论传粉者表现出何种移动扩散策略，花圃内的传粉者总数仅与觅食成功率有关。即，花圃内有效传粉者数量随着 NHP 的增加而不断下降 [图 4-15（c），书后另见彩图]，景观尺度上传粉者数量从 1.90×10^6（NHP＝0.40）下降到 8.00×10^3（NHP＝0.90）。本研究中，由于传粉者数量与柽柳产种量之间呈线性关系，因此柽柳产种量的空间分布格局与传粉者空间分布格局一致。这也意味着，随着生境破碎化的加剧，景观尺度上植物的繁殖成功率呈 logistics 型下降，景观尺度上柽柳产种量从 2.18×10^9（NHP＝0.40）迅速下降至 9.19×10^6（NHP＝0.90）[图 4-15（d），书后另见彩图]。由于缺乏有效传粉者，柽柳传粉过程阻断，景观尺度上柽柳种群繁殖失败率从 NHP＝0.40 情景下的 5% 急剧增加到 NHP＝0.90 情景下的 99.6%，特别是当 NHP 超过 0.60 时，柽柳繁殖成功率的下降速率最大。

有效传粉者数量是决定植物繁殖成功与否的重要因素，它取决于花朵挥发物介导的传粉者觅食成功率（Gallagher 等，2017）。正如本研究中模拟结果所示，生境破碎化背景下花朵挥发物的扩散受到挥发物源强度降低和尾流风速增强的双重影响，使得传粉者觅食成功率在极窄的 NHP 范围内急剧下降，尤其是当 NHP 超过 0.60 时。因此，对黄河三角洲柽柳种群来说，由于柽柳释放的挥发物羽流未能达到传粉者成功探测挥发物所需的临界阈值浓度，传粉者可能会遭受生境破碎化和丧失的临界阈值效应，即低于某个临界阈值的适当生境的少量额外损失可能会导

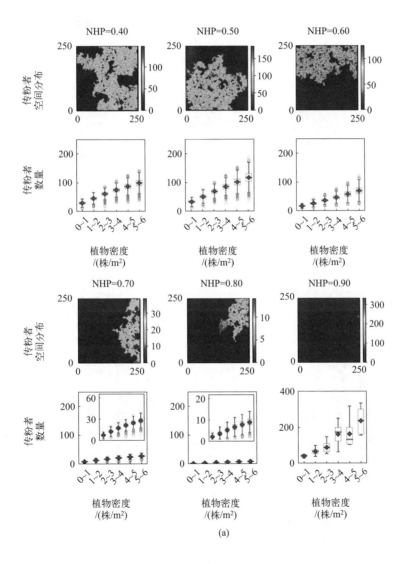

(a)

图 4-15

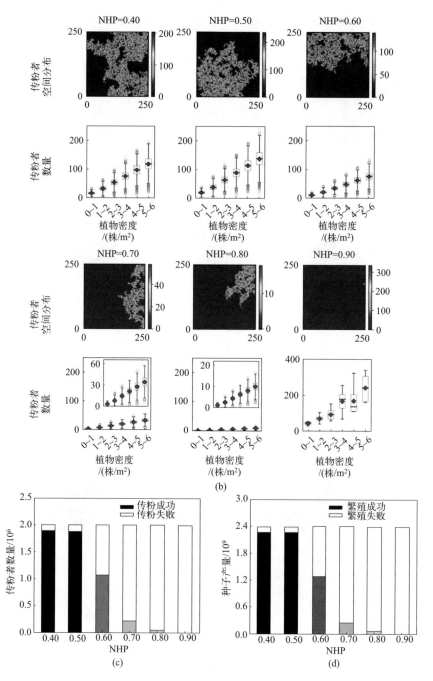

图 4-15 不同非生境比例（non-habitat percentage，NHP）下
花圃内传粉者空间分布格局及其与植物密度的响应关系

（a）密度制约扩散（DDD）策略的传粉者；（b）密度无关扩散（DID）策略的传粉者；

（c）不同非生境比例（NHP）下花圃内传粉者数量；（d）不同 NHP 下柽柳繁殖力

致传粉者觅食成功率的突然下降（Swift 等，2010）。并且，传粉者觅食成功率的下降对柽柳种群繁殖和维持种群持续性存在连锁效应：破碎化景观中授粉失败会导致植物子代数量减少，反过来又会继续降低植物子代向下一代的潜在更新能力（Wilcock 等，2002）。此时，有限的繁殖潜力可能会带来更陡峭和更早的灭绝阈值，进一步使繁殖产量低的植物物种更难以维持种群的持续性，使得植物种群极易遭受 Allee 效应而发生灭绝（With 等，1999）。

从种群保护的角度来看，明确生境破碎化临界阈值对于了解植物种群修复实践的成本-收益非常重要。在临界阈值附近实施恢复可能会获得比低于临界阈值更多的生态效益（Radford 等，2005）。根据我们对黄河三角洲柽柳种群的航测影像分析，目前柽柳种群分布区的生境破碎化和丧失程度已达 52%。这种低覆盖率表明生态系统在维持柽柳-传粉者交互作用和柽柳种群持久性方面存在潜在困难。可以预见，如果生境破碎化和丧失继续恶化，黄河三角洲柽柳种群将面临种群数量下降、柽柳-传粉者互惠共生关系破裂的巨大风险。

模拟结果还表明，根据现有的移动规则，无论传粉者采用哪种扩散策略，模拟结果均显示传粉者很难扩散到孤立的植物斑块上。景观中功能和结构连通性的增强可以促进传粉者移动到合适的觅食生境并提高传粉成功率（Haddad 等，2000；Minor 等，2009）。因此，对黄河三角洲柽柳种群保护和管理来说，通过增加廊道以促进传粉者在不同柽柳种群斑块之间移动扩散（Haddad 等，2003；Townsend 等，2005），有助于维持柽柳-传粉者互惠共生关系的稳定。

小结

综上，本章基于第 2 章、第 3 章野外监测试验、无人机航测影像，耦合柽柳花朵挥发物扩散过程、挥发物介导的传粉者觅食过程和传粉者在资源斑块之间的移动扩散过程，构建了挥发物介导的、密度制约的传粉者移动扩散模型，结合传粉者载粉能力，模拟了柽柳产种量空间分布格局，进一步探讨了生境破碎化背景下景观非生境比例（NHP）对植物繁殖情况的影响。

模拟结果发现，柽柳花朵挥发物扩散距离与源强呈线性正相关，与风速呈线性负相关，其中正己醛（Hex）扩散距离最远（下风向 9.02km；

横风向 1.90km）、扩散范围最广（13.33km^2），并且在模拟域的下风向区域内浓度最高（5.56pptv）。受挥发物羽流浓度影响，传粉者觅食成功率与源强呈线性正相关，与风速呈线性负相关，传粉者探测阈值越低，觅食成功率越高。传粉者空间分布格局模拟结果显示，整体来看，两种扩散策略［密度制约扩散（DDD）策略和密度无关扩散（DID）策略］下传粉者都倾向于聚集在植物密度高的植物斑块中，但在低密度和远距离的次优斑块内，DDD策略传粉者的数量分别比 DID 策略传粉者的数量高出 43.42％和 6.79％，进而使得这些次优斑块中柽柳产种量得到提高，即传粉者密度制约扩散策略有助于提高低密度、远距离斑块中柽柳种群的繁殖力。

生境破碎化影响下柽柳繁殖力空间分布格局模拟结果表明，不同空间尺度上柽柳种群对生境破碎化和丧失的响应存在差异。在景观尺度上，生境破碎化通过降低花朵挥发物源强和提高尾流风速限制了花朵挥发物在大气中的扩散范围和浓度，从而对传粉者觅食成功产生负面影响，进而降低随后的柽柳产种量。但在斑块尺度上，生境破碎化对传粉者访问的负面影响与种内互作调节的传粉者移动扩散行为有关，对于表现出密度制约扩散（DDD）策略的传粉者来说，中低植物密度下传粉者对柽柳的高访问率使得柽柳繁殖力增强，而在高植物密度下，传粉者对花朵资源的种内竞争引起的高迁出率使得高密度下柽柳繁殖力降低。即密度制约扩散行为促使传粉者提高对低植物密度斑块的访问率，同时避免传粉者在高植物密度斑块中过度聚集，使得传粉者表现出适应性觅食策略。传粉者的这种适应性觅食策略缓解了生境破碎化对植物种群繁殖的负面影响，有助于维持破碎化景观中植物种群的持续性。

第 5 章

环境胁迫与种间关系交互作用下盐沼植被种群空间分布格局模型

本章在第 4 章建立柽柳-传粉者交互作用关系模型的基础上，结合环境因素-柽柳反馈过程、柽柳种子扩散和个体生长过程，建立环境因素和传粉者共同作用下的柽柳种群空间格局模型（图 5-1），实现对花粉传递和种子扩散这两个柽柳生活史中关键过程的模拟，探究传粉者适应性移动策略造成的柽柳繁殖力空间差异对柽柳分布格局的影响，分析柽柳-传粉者交互作用影响下柽柳种群对环境胁迫条件的响应过程和适应性。在此基础上，进一步考虑不同盐沼植物之间的种间互作关系（竞争/促进），探讨传粉过程造成的柽柳繁殖力改变对盐沼植物种间互作关系和空间分布格局的影响。

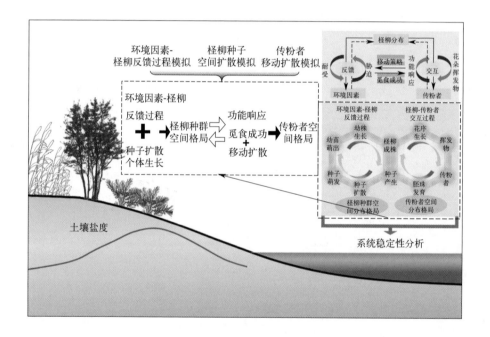

图 5-1　本章研究框架

5.1　环境因素-传粉者共同作用下的柽柳种群空间格局模型

本研究依托空间植被演替模型（齐曼，2017），耦合基于个体的模型（individual-based model，IBM）和元胞自动机模型（cellular automation，CA），建立柽柳种群空间分布格局模型。柽柳种群和后续盐沼植被空间格局（5.1.1部分和5.2.1部分）模型结合使用Python和R语言进行编程模拟和作图。

模型空间分辨率为2m，元胞自动机中每个元胞包括两种状态（柽柳和裸地）及对应生物量（g/m²），当生物量小于0.001g/m²时，元胞状态设定为裸地。模型模拟时间步长单位为年，每时间步长内考虑柽柳生长周期中传粉者介导的种子产生过程、风力介导的种子扩散过程、土壤环境因素影响下的种子萌发、幼苗萌出和幼株生长过程5个主要过程。这5个过程决定了下一个时间步长的元胞状态和相应生物量。植物生长过程见图5-2。

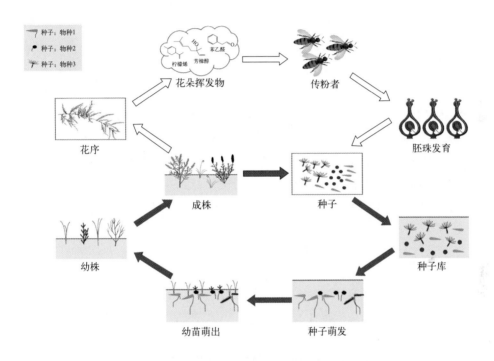

图 5-2 柽柳种群空间格局模型中所涉及的柽柳生命周期内的主要生长过程

5.1.1 柽柳种群空间格局模型结构

柽柳种群空间分布格局模型主要有5个子模块，包括柽柳-传粉者互作模块、种子扩散模块、种子萌发模块、幼苗萌出模块和幼株生长模块。

（1）柽柳-传粉者互作模块（用于模拟种子产生过程）

柽柳种子产生量主要取决于外界环境因素（光照、水分、土壤盐度等）和生物因素（植物性状、花形态、传粉者）。已有关于植被空间格局模型的研究中，通常假设环境胁迫因素影响下，每个元胞的种子量取决于生物量、最适环境条件下产生的最大种子数量和地上生物量鲜重，即 $f_{seeds} = seed^{max}(bio/bio^{max})^{\theta_1}$，其中 $seed^{max}$ 和 bio^{max} 代表最适环境条件下柽柳最大产种量和地上生物量（鲜重），bio 为当前元胞中柽柳的地上生物量（鲜重），$\theta_1(\theta_1 > 0)$ 决定了地上生物量和种子数之间的关系（Qi 等，2021）。本模型认为柽柳产种量同时受到柽柳自身生物量和传粉者移动扩散行为的影响，因此，本研究在已有研究基础上考虑传粉者对柽柳产种量的贡献，基于第 4 章的研究结果，将传粉者移动扩散模型耦合至植物空间分布模型中，结合传粉者对植物密度的功能响应方程和传粉者载粉能力，计算柽柳不同生物量下的产种量。其中，第 4 章中为研究传粉者对柽柳的功能响应，传粉者移动扩散部分以柽柳密度为自变量，但在本章基于元胞自动机的植物空间分布模型中，每个元胞仅包含一种状态（柽柳或裸地），为将传粉者移动模型耦合至柽柳空间分布格局模型中，我们将传粉者移动扩散过程中的柽柳密度转算为生物量（g/m²），根据野外监测试验中得到的柽柳株高、冠幅和株数等数据，参照前人研究结果（王炜等，2016），计算不同柽柳密度下的生物量干重（图 5-3）。

$$N = 0.403a(CH)^{1.226} \tag{5-1}$$

$$C = \pi \times \frac{D_1}{2} \times \frac{D_2}{2} \tag{5-2}$$

式中　　N——柽柳地上部生物量，kg；

$\quad\quad H$——株高，cm；

$\quad\quad C$——柽柳冠幅面积，cm²；

D_1，D_2——东西向和南北向冠幅直径，cm；

$\quad\quad a$——干重与鲜重的比值（$a = 0.64$）（齐曼，2017）。

由于传粉者在花圃内的移动扩散不受花朵挥发物浓度的影响（第 4 章模型模拟过程中，花朵挥发物起引导作用，仅吸引传粉者至花圃中），因此该部分耦合模型不对柽柳花朵挥发物浓度进行计算，也不考虑花朵挥发物浓度变化引起的传粉者觅食成功率改变，该耦合模型设定传粉者初始释放位置为模拟域右边界内侧。传粉者数量通过参数率定获得，传

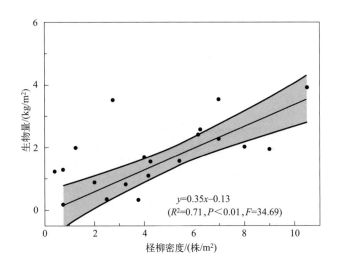

图 5-3 柽柳密度与地上部生物量的相关关系（野外监测结果）

粉者移动扩散过程和载粉能力相关参数分别参照 4.1.3 部分和 4.2.3 部分。

（2）种子扩散模块

柽柳种子呈絮毛状，主要扩散媒介为风力，种子扩散后终末位置取决于扩散方向和扩散距离。著者在中国气象数据网收集了 2016～2020 年 5～8 月（即柽柳盛花期）的气象数据，分析了风向和风速数据（图 5-4）。结果表明，柽柳种子形成及释放期间黄河口以东北风、北风、西北风为主，平均风速 2.5m/s，无明显盛行风向。因此，种子扩散模块中不考虑风向差异对柽柳种子扩散的影响，设定柽柳种子在各风向上扩散概率均等。

在植物种群水平上，风力扩散种子围绕种子释放源（面源）形成扩散核（dispersal kernel），扩散核是一个描述种子沉降位置相对于种子释放源的概率密度函数，它以单位面积种子降落的概率作为与释放源距离的函数（Nathan 等，2000）。本模型采用 Wald 长距离扩散（Wald analytical long-distance dispersal，WALD）模型来预测柽柳种子扩散距离，种子扩散距离服从 Wald 分布（也称逆高斯分布，inverse Gaussian distribution）。种子扩散核参数 μ' 和 λ' 影响因素包括风速特征（$\bar{U}$ 和 σ_ω）、种子终末速度（seed terminal velocity，v_t）、种子释放高度（seed release

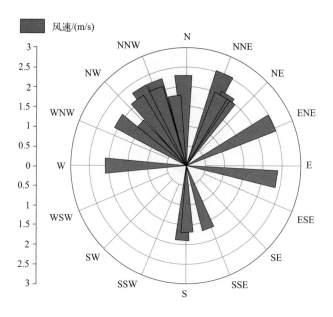

图 5-4 黄河三角洲 2016～2020 年 5～8 月期间风向和风速分布

（数据源：中国气象数据网）

height，$x_{3,r}$）（Katul 等，2005）。其中风速受地表粗糙度影响，包括柽柳植株冠层高度（canopy height，h）和叶面积指数（leaf area index，LAI）等。

$$p(x_1) = \left(\frac{\lambda'}{2\pi x_1^3}\right)^{\frac{1}{2}} \exp\left[-\frac{\lambda'(x_1 - \mu')^2}{2u'^2 x_1}\right] \tag{5-3}$$

$$u' = \frac{x_{3,r}\bar{U}}{v_t} \tag{5-4}$$

$$\lambda' = \frac{x_{3,r}^2 \bar{U}}{2\kappa h \sigma_\omega} \tag{5-5}$$

式中　x_1——种子扩散距离，m；

　　　$\bar{U}$——垂向平均风速，m/s；

　　　σ_ω——垂向风速标准差，m^2/s^2；

　　　κ——取值为 $[0.3, 0.4]$。

$\bar{U}$ 和 σ_ω 的计算方法详见表 5-1。

表 5-1　柽柳种子扩散中风特征计算方程 (Katul 等，2005)

计算公式	参数释义及取值
$\bar{U} = \dfrac{1}{h}\displaystyle\int_0^h \bar{U}(z)\,\mathrm{d}z$	h 为柽柳冠层高度
$\sigma_\omega = \dfrac{1}{h}\displaystyle\int_0^h \sigma_\omega(z)\,\mathrm{d}z$	
$\dfrac{\sigma_\omega}{u^*} = A_\omega V_1 \dfrac{\sigma_e(z)}{u^*}$	u^* 为冠层表面平均摩擦风速，m/s
$\dfrac{\sigma_e(z)}{u^*} = \left\{ v_3 \mathrm{e}^{-\Lambda\delta(h)\gamma(z)} + B_1 \left[\mathrm{e}^{-3n\gamma(z)} - \mathrm{e}^{-\Lambda\delta(h)\gamma(z)}\right]\right\}^{1/3}$	
$B_1 = \dfrac{-9u^*/\bar{u}(h)}{2\alpha v_1 \left[9/4 - \Lambda^2 u^{*4}/\bar{u}(h)^4\right]}$	
$\Lambda^2 = 3v_1^2/\alpha^2$	$\alpha = 0.06$
$v_1 = (A_u^2 + A_v^2 + A_w^2)^{-1/2}$	$A_v = 1.80, A_u = 2.00, A_w = 1.16$
$v_3 = (A_u^2 + A_v^2 + A_w^2)^{3/2}$	
$v_2 = v_3/6 - A_w^2/(2v_1)$	
$\dfrac{\bar{U}(z)}{\bar{u}(h)} = \mathrm{e}^{-n\gamma(z)}$	$\bar{u}(h)$ 为冠层表面平均风速，m/s
$n = \dfrac{1}{2}\left[\dfrac{u^*}{\bar{u}(h)}\right]^{-2}\delta(h)$	
$\gamma(z) = 1 - \dfrac{\delta(z)}{\delta(h)}$	
$\dfrac{u^*}{\bar{u}(h)} = 0.320 - 0.264\mathrm{e}^{-15.1\delta(h)}$	
$\delta(z) = \displaystyle\int_0^z C_d a(z)\,\mathrm{d}z$	$C_d = 0.2$
$\delta(h) = \displaystyle\int_0^h C_d a(z)\,\mathrm{d}z = C_d \mathrm{LAI}$	LAI 为柽柳叶面积指数，$\mathrm{m^2/m^2}$

叶面积指数 LAI 和株高 h 与植物地上部生物量 bio 密切相关，本模型中 LAI 和 h 的计算公式如下（Qi 等，2021）：

$$\mathrm{LAI} = \mathrm{LAI}^{\max}(bio/bio^{\max})^{\theta_2} \tag{5-6}$$

$$h = \theta_3 \ln(bio + 1) \tag{5-7}$$

式中　$\mathrm{LAI}^{\max}$——常数，代表最适环境条件下柽柳叶面积指数；

　　　θ_2，θ_3——柽柳地上部生物量与叶面积指数 LAI 和株高 h 之间的相关关系（图 5-5）。

（3）种子萌发模块和幼苗萌出模块

本模型假定每个元胞包含一个种子"汇"，包括了从其他元胞释放并

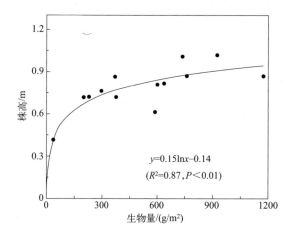

图 5-5 柽柳株高和生物量相关关系（齐曼，2017）

扩散到该元胞的种子总数。柽柳种子萌发和幼苗萌出受土壤盐度影响，不同土壤盐度条件下柽柳种子萌发率和幼苗相对增长速率见图 5-6。每个元胞内，柽柳幼苗数 $n^{\text{seedling}}=n^{\text{seed}}g$，其中，$n^{\text{seedling}}$ 为该元胞种子"汇"中的种子总数，n^{seed} 为柽柳种子数量，g 为该元胞中柽柳在当前盐度水平下的萌发率。柽柳幼苗生物量计算方式为 $bio^{\text{seedling}}=n^{\text{seedling}}b^{\text{seedling}}r^{\text{seedling}}$，其中，$b^{\text{seedling}}$ 为柽柳幼苗在 0 盐度下暴露 5 周后的单株生物量（地上部，单位为 g），r^{seedling} 是柽柳幼苗在不同盐浓度下暴露 5 周后的相对生长速率（图 5-6）。

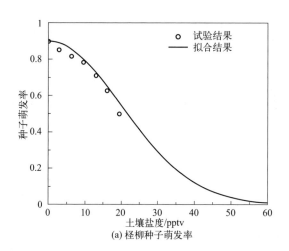

(a) 柽柳种子萌发率

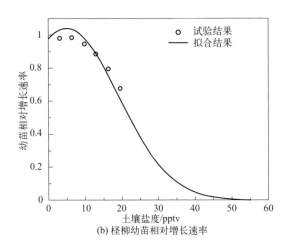

(b) 柽柳幼苗相对增长速率

图 5-6　不同盐度水平对应的柽柳种子萌发率和幼苗相对增长速率

[数据源参考 Liu 等（2013）试验结果，采用指数函数对源数据进行拟合]

（4）幼株生长模块

柽柳是一种多年生灌木，因此本模型中设置元胞状态转换规则如下：

① 柽柳每年死亡率（d）设置为 1/6，即每年生长季（或每个模拟时间步长）结束后，柽柳所占据的元胞中将有 1/6 的元胞被释放，状态转为空地（裸地）；

② 当柽柳生物量小于某一阈值（bio_{thres}）时，新生柽柳幼苗将有机会取代原有植株，否则该元胞继续被柽柳占据并持续生长，且生物量增量受上一生长季生物量的影响。

因此，柽柳生物量增量计算公式包括：

① 原有柽柳植株持续增长时，生物量增量计算采用式(5-8)（Qi 等，2016）；

② 柽柳新生幼苗取代原有柽柳植株或新生幼苗占据空地时，当前生长季下新生幼苗的生物量增量计算采用式(5-9)。

$$\Delta X = -dX_t + \left[(bio^{\text{max}} - X_t) + dX_t\right]S \tag{5-8}$$

$$\Delta X = bio^{\text{max}} \times S \tag{5-9}$$

（5）柽柳-土壤盐度反馈过程

参考第 3 章中柽柳遮阴作用下土壤盐度的变化规律。柽柳密度根据密度-生物量关系（图 5-5）换算成生物量（g/m²），不同生物量下土壤盐度变化规律如图 5-7 所示。

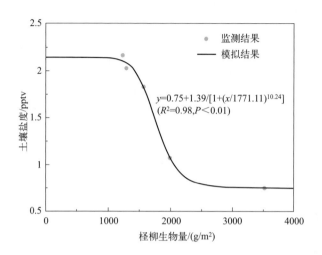

图 5-7 柽柳冠层遮阴对土壤盐度的缓解能力与植物地上生物量的回归分析

柽柳种群空间格局模型中所用参数及其释义、取值详见表 5-2。

5.1.2 柽柳种群空间格局模型模拟结果及验证

采用 2018 年 UAV 航测区内的野外调查数据率定模型参数。模型率定方法如下：设置一条 0～10g/kg 的土壤盐度带作为模型初始环境数据，该盐度带由若干花圃组成，花圃大小为 50m×50m（分辨率 1m），每个花圃的初始盐度分布为均质分布，盐度间隔为 0.1g/kg，即花圃总数为 101 个。每个花圃设置初始柽柳分布状态为空间随机分布，柽柳覆盖率为 20%，每个花圃内模拟传粉者数量为 1×10⁵ 只，其中柽柳占据的元胞中柽柳密度随机分布（0.1～6.0 株/m²），裸地部分设置柽柳密度为 10⁻¹⁶ 株/m²，以避免生境破碎化引起的传粉过程阻断和传粉者移动受限。模型运行 10 个时间步长后逐渐稳定，计算每个盐度梯度断面上柽柳生物量，并与野外调查数据进行对比验证（图 5-8，书后另见彩图）。

本研究分别从柽柳生物量数值误差和空间分布两个方面对模拟结果进行评价和验证。

表 5-2　柽柳种群空间格局模型中所用参数及其释义、取值

模型模块	参数	释义（单位）	取值范围	率定结果	数据来源
种子产生	$Pollinator$	柽柳传粉者交互作用中传粉者数量	$[1×10^4, 1×10^6]$	$1×10^5$	—
	$seed^{max}$	不考虑柽柳-传粉者交互作用时，适宜条件下一个网格内柽柳最大产种量	$[118240, 472960]$	295600	取值范围参考 LEDA 数据库（www.uni-oldenburg.de/en/landeco/research/projects/LEDA）
	μ^*	柽柳冠层表面风速，m/s	$[0.2, 5.0]$	2.55	由 2016～2020 年 5～8 月的风速计算得到
	θ_2	θ_2、θ_3 和 θ_4 分别表示柽柳地上部生物量与叶面积指数 LAI、株高 h 和密度之间的相关关系	1	1	Qi 等，2021
	θ_3		0.15	0.15	
	θ_4		350	350	基于 2.3 部分中野外监测试验
种子扩散	LAI^{max}	适宜条件下柽柳的最大叶面积指数，m^2/m^2	$[0.29, 10]$	5.04	王景旭等，2016；袁国富等，2015
	v_t	柽柳种子沉降速度，m/s	0.22	0.22	Qi 等，2021
种子萌发及幼苗萌出	g	柽柳种子发芽率	$0.91\exp(-0.5s_t^2/500)$		Liu 等，2013
	$r^{seedling}$	柽柳幼苗相对增长率	$1.027\exp[-0.5(s_t-5)^2/300]$	—	Liu 等，2013
	$b^{seedling}$	柽柳在土壤盐度为 0 条件下单株生物量，g	0.91	—	Liu 等，2013
幼苗生长	m	柽柳的最适宜土壤盐度水平，g/kg	1.86		基于 2.3 部分中野外监测试验
	r	决定柽柳盐度耐受范围的参数	155.50		Qi 等，2016
其他	bio^{max}	柽柳在最适宜环境条件下的最大生物量，g/m^2	$[400, 4460]$	3388.77	基于 2.3 部分中无人机载激光雷达航测获取的株高和冠幅计算得到
	b		5		
	d	柽柳死亡率	1/6		Qi 等，2016

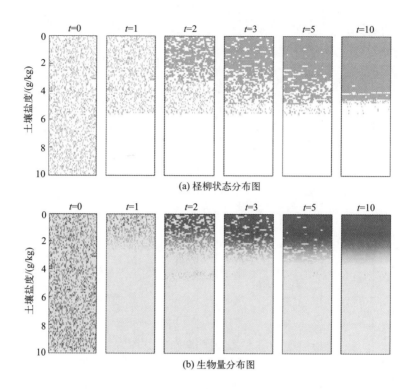

(a) 柽柳状态分布图

(b) 生物量分布图

图 5-8 植物沿土壤盐度梯度方向上（y 轴，盐度范围为 0~10g/kg）的分布动态

[模拟时间步长为年（t）。彩图中浅绿色代表柽柳，白色代表裸地]

（1）柽柳生物量模拟结果评价

采用平均绝对误差（mean absolute error，MAE）、均方根误差（root mean square error，RMSE）和一致性指数（concordance index，C-index）比较柽柳生物量模拟结果与监测结果的差异，用于模拟结果评价，计算公式如下：

$$\text{MAE} = \frac{1}{n} \sum_{i=1}^{n} |P_i - O_i| \tag{5-10}$$

$$\text{RMSE} = \sqrt{\frac{\sum_{i=1}^{n} (P_i - O_i)^2}{n}} \tag{5-11}$$

$$\text{C-index} = 1.0 - \frac{\sum_{i=1}^{n} (O_i - P_i)^2}{\sum_{i=1}^{n} (|P_i - \overline{O}| + |O_i - \overline{O}|)^2} \tag{5-12}$$

式中 P_i——第 i 个生物量模拟值；

O_i——第 i 个生物量观测值；

$\overline{O}$——生物量观测值的平均值；

n——生物量观测值个数。

其中，RMSE 值越接近 0、C-index 值越接近 1，表示模拟结果越理想。

航测区内柽柳生物量模拟值和观测值的对比结果见表 5-3 和图 5-9。结果显示，柽柳生物量模拟值和观测值的 MAE 和 RMSE 均小于观测值的标准差（SD观测值），一致性指数（C-index）接近 1，说明该模型能够较好地模拟柽柳种群的生物量，且可靠性较高。

表 5-3 航测区内柽柳生物量（以 kg 计）模拟值和观测值的对比结果

盐沼植物	SD观测值	MAE	RMSE	C-index
柽柳	0.94	0.42	0.63	0.98

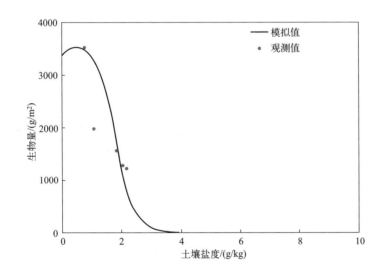

图 5-9 沿土壤盐度梯度（0~10g/kg）柽柳生物量分布

（2）柽柳空间分布格局验证

在模型验证部分，将模拟结果与 2018 年无人机航测获取的柽柳种群空间分布数据进行对比分析。验证方法如下：采用 2018 年 UAV 航测区为模拟区域，以该研究区内野外监测获取的土壤盐度空间分布数据为输入条件（2.3 部分，图 2-17）。该研究区空间分辨率为 2m，设置初始柽柳分布状态为空间随机分布，柽柳覆盖率为 20%，模拟传粉者数量为 1×10^5 只，柽柳密度及裸地设置同上，模型运行 10 个时间步长后逐渐稳定（图 5-10）。

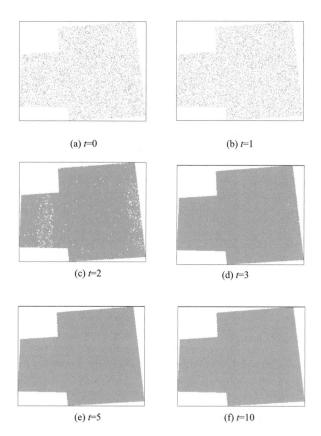

(a) *t*=0   (b) *t*=1

(c) *t*=2   (d) *t*=3

(e) *t*=5   (f) *t*=10

图 5-10 航测区柽柳种群分布模拟结果

（*t* 代表模拟时间，浅灰色代表柽柳，白色代表裸地）

从柽柳生物量分布格局来看，柽柳种群受土壤盐度分布的影响呈带状分布（图 5-11，书后另见彩图），柽柳个体主要聚集分布在低盐度区域，且该区域内柽柳具有较高的生物量。总体来说，本研究中耦合传粉者传粉过程和植被-土壤反馈过程的空间模型预测的柽柳分布结果与实际柽柳种群分布结果吻合度较高。

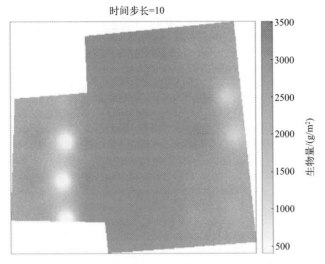

(a) 空间模型模拟结果达到稳定(t=10)时柽柳生物量空间分布结果

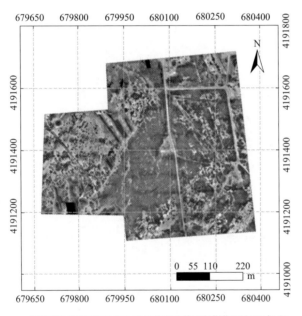

(b) 研究区使用UAV-LiDAR系统获取的正射影像(详见2.3部分)

图 5-11

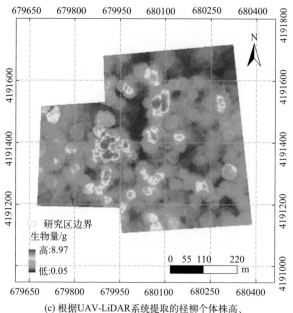

(c) 根据UAV-LiDAR系统提取的柽柳个体株高、
冠幅计算得到的柽柳生物量空间分布图(克里金插值法)

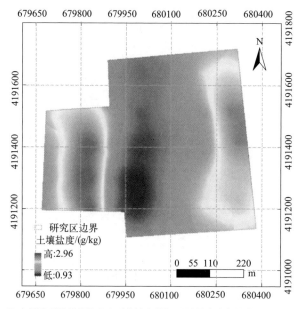

(d) 空间模型模拟植被分布时的输入数据-土壤盐度空间分布图(图2-17)

图 5-11 模型验证中涉及的图件

进一步，本研究以不考虑传粉者-植物交互作用的柽柳空间分布模型为对照，探讨传粉者传粉过程对柽柳种群空间分布格局的影响。在对照模型中，柽柳种子产生过程中不考虑传粉者移动扩散策略对柽柳最大产种量的影响，即设置 $seed^{max}$ 为常数（见表 5-2），其余参数和模型设置保持不变。对比结果显示，两种模型均在 $t=5$ 后趋于稳定，随着时间的延长，最终柽柳都能遍布整个研究区（图 5-12）。从生物量上看，除了初期

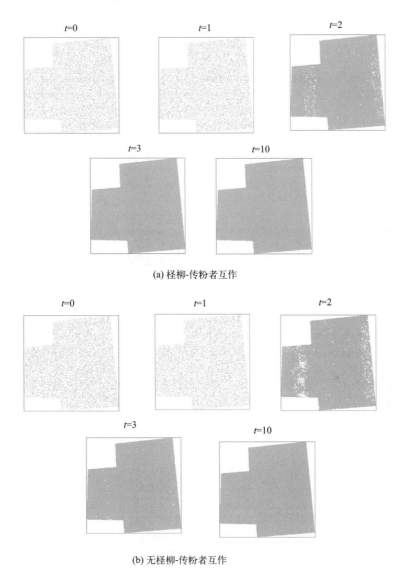

图 5-12　航测区柽柳空间分布模拟结果

（t 代表模拟时间，浅灰色代表柽柳，白色代表裸地）

有差异外，后期差异不显著（图5-13，书后另见彩图）。这是由于，该模拟区域中仅设置柽柳一种植物，因此只要模拟时间足够长，无论是否考虑柽柳-传粉者交互作用，柽柳最终均能占据全部模拟空间。但是，与不考虑柽柳传粉过程的空间分布模型相比，耦合传粉者传粉过程的柽柳种群空间模型模拟结果显示，在定植早期（$t = 0 \sim 4$），柽柳种群能够更快占据生境，种群更早达到稳定，特别是在高盐度区域。也就是说，针对柽柳单一物种的空间分布格局模拟中，传粉过程影响了柽柳种群达到稳定的时间（图5-14）。造成这一差异的原因在于，柽柳-传粉者交互过程

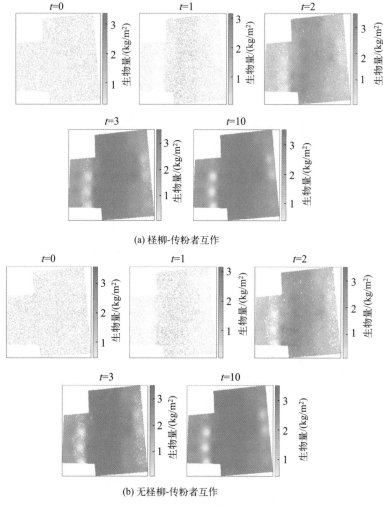

(a) 柽柳-传粉者互作

(b) 无柽柳-传粉者互作

图 5-13　航测区柽柳生物量空间分布模拟结果

（t 代表模拟时间）

中，传粉者密度制约扩散策略提高了传粉者对低密度（或低生物量）柽柳的访问率，使得柽柳在低生物量时或者定植初期能够产生更多的种子，这无疑提高了低生物量下柽柳的繁殖力，促使柽柳能够更快地占据生存空间。也就是说，在耦合柽柳-传粉者交互作用的空间分布模型中，传粉者密度制约扩散行为引起的柽柳早期定植优势增强了柽柳对胁迫生境的适应能力和范围；与之相反，忽略柽柳-传粉者交互作用的空间分布模型可能会低估柽柳适宜生境的范围。

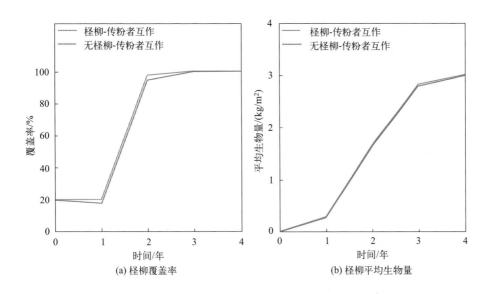

图 5-14　柽柳分布状态随时间变化趋势图

5.1.3　柽柳种群空间格局模型敏感性分析

我们对模型中基于率定确定的 9 个参数（见表 5-2）进行了全局敏感性分析（global sensitivity analysis），参数包括：冠层表面风速 μ^*、θ_2、θ_3、θ_4，柽柳最大叶面积指数 LAI^{max}，柽柳种子沉降速度 v_t，柽柳最大生物量 bio^{max}，初始覆盖率 ds，柽柳死亡率 d 和传粉者数量 $Pollinator$。敏感性分析方法采用方差分析法（variance-based method），抽样方法采用均匀分布（重复抽样 20 次），使用 $S_{variance}$ 代表模型输出结果对各参数的敏感性，$S_{variance}$ 值越大，敏感性越高。本书所有敏感性分析（5.1.3 节和 5.2.3 节）均在 Python 中进行，敏感性计算方法如下。

首先设置一条如 5.1.2 部分模型率定中相同的土壤盐度带作为模型初始环境数据，模拟不同敏感性情景下沿盐度梯度方向上柽柳生物量分布；以根据野外监测数据进行率定得到的曲线为基准（图 5-9 曲线），每次仅改变一个参数取值，其他参数取值保持不变，计算不同情景下沿土壤盐度梯度柽柳生物量分布曲线与基准曲线之间闭合区间面积，用以表示沿盐度梯度方向上的生物量分布差异，对于每个进行敏感性分析的参数，计算该闭合区间面积方差；将 9 个参数的方差进行最大最小值归一化[计算公式：$x' = (x - x_{min}) / (x_{max} - x_{min})$]，使结果值映射到 [0，1] 之间，最终得到每个参数的 $S_{variance}$。

敏感性分析结果表明（图 5-15），柽柳种群空间分布对参数 ds、d 和 $Pollinator$ 比较敏感，对其他参数（μ^*、θ_2、θ_3、θ_4、LAI^{max}、v_t、bio^{max}）则不敏感。其中，参数 $Pollinator$ 为传粉者数量，说明柽柳-传粉者交互作用对柽柳空间分布有显著影响；参数 ds 和 d 分别表示柽柳初始覆盖率和死亡率，ds 和 d 取值越大，敏感性分析中生物量模拟曲线与基准曲线之间闭合面积越小，表明 ds 和 d 越大，柽柳种群空间分布受种内个体互作强度的影响越强。

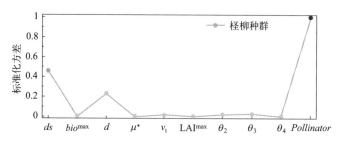

图 5-15　柽柳种群空间模型参数敏感性分析

（圆点灰度表示数值大小，越深表示数值越大）

5.2　考虑植物种间互作关系的盐沼植被空间格局模型

滨海湿地处于陆地、海洋生态系统的过渡地带，受咸水-淡水交互作用和地下水-地表水交互作用的共同影响，气候、土壤、水文等环境要素在不同尺度上呈现显著时空异质性（Lu 等，2018）。在土壤水盐条件梯度分布的影响下，由海向陆方向上典型湿地植被往往呈现条带状分布格局（Qi 等，2017）。黄河三角洲地区，芦苇、柽柳和翅碱蓬是由陆向海方向不同水盐梯度上的优势物种，芦苇-柽柳之间、柽柳-翅碱蓬之间往往存在交错地带，物种的实际占据空间取决于其竞争能力。已有关于盐沼植被空间演替模型的敏感性分析表明，盐沼植被空间分布对芦苇株高和柽柳最大产种量敏感，这两个参数直接影响了芦苇和柽柳两种植物种子的扩散能力，从而影响两种植物的竞争能力和空间分布（齐曼，2017）。因此，本研究进一步结合不同植物之间的种间互作关系（竞争/促进），探讨了传粉过程造成的柽柳繁殖力变化对植物种间互作关系和盐沼植被空间分布格局的影响。基于5.1部分中柽柳种群空间格局模型结构，在幼株生长过程中考虑异种植物之间的种间互作关系，通过竞争优势种明确下一时间步长的元胞状态和生物量。

以黄河三角洲为研究区，设置模型空间分辨率为2m，每个元胞包括4种状态（柽柳、芦苇、翅碱蓬、裸地）及对应生物量（g/m²），当生物量＜0.001g/m²时元胞状态设定为裸地。模型模拟时间步长为年，每时间步长内考虑三种植物一年中种子产生、种子扩散、种子萌发、幼苗萌出、幼株生长和种间竞争6个主要过程。这6个过程决定了下一时间步长的元胞状态和相应生物量。

5.2.1　盐沼植被空间格局模型结构

过程1～5详见5.1.1部分相关内容，具体设置根据3种植物的生物学特点进行相应调整，包括以下内容。

5.2.1.1　种子产生及扩散部分

（1）芦苇

地上部一年生，地下部根茎多年生，繁殖方式包括有性生殖（种子风扩散）和无性繁殖（地下部芽体分蘖生长）。因此芦苇繁殖体扩散部分包括种子随风扩散和芽体扩散两种扩散方式。种子随风扩散方式采用逆高斯分布函数计算种子扩散距离（同5.1.1部分柽柳种子扩散过程），芽体扩散采用指数分布函数计算芦苇无性繁殖中幼芽扩散距离：

$$p(x) = \frac{1}{\varphi} e^{-x/\varphi} \tag{5-13}$$

式中　φ——平均扩散距离，m。

（2）翅碱蓬

一年生，繁殖方式为有性生殖，种子扩散为水播扩散，本模型中采用指数分布函数模拟种子扩散［同式（5-13）］。

（3）柽柳

考虑以下 3 个因素：

① 从传粉者行为学和生理学上来说，传粉者往往以蜂巢为中心在蜂巢附近觅食（如离巢 3～4km），尽管有研究表明花朵资源匮乏季节，蜜蜂可以离巢 10km 以上觅食（Couvillon 等，2014），但是长距离飞行所得到的收益将大大减少，而在目标研究区黄河三角洲范围达 500km² 以上，超出了传粉者常规觅食范围；

② 黄河三角洲大尺度上，由陆向海方向上梯度分布的水盐条件是植物分布格局的先决因素，此时环境梯度及其影响下植物种间互作关系的改变，将决定每种植物的最终分布格局；

③ 植被演替模型中空间内元胞仅有一种状态（3 种植物或裸地），如果当前元胞状态非柽柳，那么传粉者将无法在空间内扩散，导致柽柳产种过程失败。

基于以上考量，在盐沼植被空间演替模型中我们将传粉者移动扩散行为对柽柳产种过程的影响进行量化，用于柽柳产种量计算，其余过程和关系保持不变。根据第 4 章研究结果，将密度制约扩散（DDD）策略下传粉者移动扩散行为对柽柳产种量的影响量化为饱和型关系（with DDD），并以不考虑传粉者传粉作用下柽柳产种过程（即柽柳产种量仅与柽柳生物量呈线性正相关关系）为对照（without DDD），饱和型关系参照第 4 章验证曲线结果（图 4-9）设置参数并率定，关系式如下：

$$Seed_2^{\text{DDD}} = \frac{V_{\max} \times bio_2}{K_{\text{m}} + bio_2} \tag{5-14}$$

$$Seed_2^{\text{DID}} = C \times \left(\frac{bio_2}{bio_2^{\max}}\right)^{\theta_1} \tag{5-15}$$

式中　$V_{\max}$ 和 K_{m}——柽柳-传粉者交互作用下柽柳产种量与生物量之间的饱和型功能响应关系参数；

C——不考虑柽柳-传粉者交互作用时柽柳产种量与生物量之间的线性关系参数；

$Seed_2^{\text{DDD}}$ 和 $Seed_2^{\text{DID}}$——柽柳-传粉者交互作用下柽柳产种量（上角标 DDD）和不考虑柽柳-传粉者交互作用下的柽柳产种量（上角标 DID）；

bio_2——柽柳种子量和柽柳生物量；

θ_1——植物地上生物量和种子数之间相关性的参数，且 $\theta_1 > 0$。

3 种植物种子扩散后元胞中繁殖体总数为 3 种植物的繁殖体数量之和，其中芦苇繁殖体数量为风扩散种子数和芽体扩散数量之和。种子萌发、幼苗萌出过程同 5.1.1 部分，不同环境胁迫条件下 3 种植物的相对竞争能力参考 Qi 等的研究（2018），参数设置详见表 5-4。

5.2.1.2 种间竞争模块

芦苇（特指地上部分）和翅碱蓬为一年生植物，因此每个模拟步长结束后，状态和生物量均重置为 0，即转为裸地。柽柳为多年生灌木，每年以一定死亡率（1/6）死亡，即每个模拟步长结束后，随机设置 1/6 的柽柳网格死亡，状态和生物量重置为 0，其余柽柳网格则继续生长。对以上 3 种植物来说，当生物量小于阈值（bio_{thres}）时状态转为裸地，新生幼苗将有机会取代原有植物。

本模型中，3 种植物的竞争优势种计算方式参照基于个体的不对称增长模型（Damgaard 等，2008），公式如下：

$$\frac{\mathrm{d}v_i(t)}{\mathrm{d}t} = \frac{r_i\left[v(t)+1\right]^a - 1}{a} \times \frac{nw - \sum\limits_{k=1}^{n} v_k(t)}{nw - (1-c_i)\sum\limits_{k=1}^{n} v_k(t)} \quad (5\text{-}16)$$

$$(v \geqslant 0, a \neq 0, r_i > 0, w > 0, c_i \geqslant 0)$$

式中　$v_i(t)$——t 时刻物种 i 的尺寸（plant size，本研究中以植物生物量 bio 表示）；

r_i——物种 i 的相对内禀增长率；

n——存活个体数量；

w——生长季末平均植株尺寸；

c_i——描述了物种 i 的增长曲线形状（其中，$c=1$ 代表逻辑斯缔型曲线，$c=0$ 代表指数型曲线）；

a——尺寸不对称系数（size-asymmetry coefficient），它决定植物生长率和尺寸的关系（$a=1$ 时表示等比关系，$a<1$ 时表示弱于等比关系，$a>1$ 时表示强于等比关系）。

表 5-4　盐沼植被空间模型中所用参数及取值

模型模块	参数	释义（单位）	取值范围	率定结果	数据来源
种子产生	θ_4	柽柳地上生物量（g）与植株密度的相关关系系数	350	—	基于野外监测试验结果
	V^{max}	柽柳-传粉者交互过程中密度制约扩散策略下传粉者饱和功能反应参数	335407.13	—	
	K_m		9.14	—	基于 4.2 部分模拟结果验证中不同柽柳密度下柽柳产种量关系曲线
	C	未考虑柽柳-传粉者交互作用时柽柳产种量与其其他性量之间的线性关系参数	28021.54	—	
	P_seed^{max}	适宜条件下网格（4m^2）内芦苇（P_seed^{max}）产生的最大种子数	[84270,421350]	421350	取值范围参考 LEDA 数据库（www.uni-oldenburg.de/en/landeco/research/projects/LEDA）
	S_seed^{max}	适宜条件下柽柳和翅碱蓬（S_seed^{max}）产生的最大种子数	[21760,272000]	262500	
	P_bud^{max}	适宜条件下单位网格（4m^2）内芦苇产生的最大根芽数量	[1200,4000]	4000	
种子扩散	μ^*	冠层表面风速，m/s	[0.20,2.5]	2.50	根据 2016~2020 年 5~8 月的风速计算得到
	P_θ_2	芦苇（P_θ_2）、柽柳（T_θ_2）和翅碱蓬（S_θ_2）地上生物量与叶面积指数的相关关系系数	1	—	
	T_θ_2		1	—	Qi 等，2016
	S_θ_2		1		
	P_θ_3	芦苇（P_θ_3）、柽柳（T_θ_3）和翅碱蓬（S_θ_3）地上生物量与冠层高度的相关关系系数	0.18		
	T_θ_3		0.13		Qi 等，2016
	S_θ_3		0.045		

模型模块	参数	释义（单位）	取值范围	率定结果	数据来源
种子扩散	P_LAI^{max}	适宜条件下芦苇（P_LAI^{max}）、柽柳（T_LAI^{max}）和翅碱蓬（S_LAI^{max}）的最大叶面积指数，m^2/m^2	[2.22,6.50]	6.50	陈健等，2008；陈健等，2005；李延峰等，2014；李王等，2014
	T_LAI^{max}		[0.29,1.15]	0.72	王景旭等，2016；袁国富等，2015
	S_LAI^{max}		[4.46,18.34]	6.87	取值范围参考LEDA数据库（www.uni-oldenburg.de/en/landeco/research/projects/LEDA）
	P_v_t	芦苇（P_v_t）、柽柳（T_v_t）和翅碱蓬（S_v_t）种子沉降速度，m/s	[0.17,0.21]	0.17	取值范围参考LEDA数据库（www.uni-oldenburg.de/en/landeco/research/projects/LEDA）
	T_v_t		0.22	0.22	
	S_v_t		[2.48,3.47]	3.15	www.seed-dispersal.info
种子萌发	P_g	芦苇（P_g）、柽柳（T_g）和翅碱蓬（S_g）的种子发芽率	$0.35\exp(-0.5s_t^2/100)$		Liu等，2013
	T_g		$0.91\exp(-0.5s_t^2/500)$		
	S_g		$0.90\exp(-0.5s_t^2/400)$		
幼苗萌出	$P\_r^{seedling}$	芦苇（$P\_r^{seedling}$）、柽柳（$T\_r^{seedling}$）和翅碱蓬（$S\_r^{seedling}$）的幼苗相对增长率	$\exp(-0.5s_t^2/100)$		Liu等，2013
	$T\_r^{seedling}$		$1.027\exp[-0.5(s_t-5)^2/300]$		
	$S\_r^{seedling}$		$1.04\exp[-0.5(s_t-5)^2/200]$		
	$P\_bio^{seedling}$	芦苇（$P\_bio^{seedling}$）、柽柳（$T\_bio^{seedling}$）和翅碱蓬（$S\_bio^{seedling}$）在土壤盐度为0条件下单株生物量，g	0.51	—	
	$T\_bio^{seedling}$		0.91	—	
	$S\_bio^{seedling}$		0.86	—	

模型模块	参数	释义（单位）	取值范围	率定结果	数据来源
幼株生长及种间竞争	P_c	芦苇（P_c）、柽柳（T_c）和翅碱蓬（S_c）的竞争能力		1	Qi 等·2016
	T_c			0.50	
	S_c			0.27	
	P_m	芦苇（P_m）、柽柳（T_m）和翅碱蓬（S_m）的最适宜土壤盐度水平·g/kg	0		
	T_m		15.83		
	S_m		0		
	P_r	决定芦苇（P_r）、柽柳（T_r）和翅碱蓬（S_r）盐度耐受范围的参数	80.01		
	T_r		155.50		
	S_r		2923.56		
	P_bio^{max}	芦苇（P_bio^{max}）、柽柳（T_bio^{max}）和翅碱蓬（S_bio^{max}）在最适宜环境条件下的最大生物量鲜重·g/m²	2437.24		Qi 等·2016
	T_bio^{max}		3137.75		
	S_bio^{max}		5970.15		
其他	b	—	5		Qi 等·2016
	d	柽柳死亡率	1/6		
	bio_{thres}	柽柳生物量阈值·高于该阈值时柽柳的存在不会影响其他个体的建立	[0,3137.75]	1500	
	d_s	初始生物量		0.2	Qi 等·2016

本研究设置 $a=1$、$c=1$，将上述公式简化为式（5-17），此时每个植株的最终生物量取决于其内禀增长率和初始植株尺寸，最有竞争力的物种将为初始幼苗生物量（$bio_i^{seedling}$）和内禀增长率（r_i）乘积最大的物种。

$$\frac{\mathrm{d}v_i(t)}{\mathrm{d}t}=r_iv(t)\frac{nw-\sum_{k=1}^{n}v_k(t)}{nw} \quad (5\text{-}17)$$

生物量增量计算公式包括：

① 原有植株持续增长时，生物量增量计算采用式（5-18）；

② 竞争优势种的新生幼苗取代原有植株，或某种植物的新生幼苗占据空地时，当前生长季下新生幼苗的生物量增量计算采用式（5-19）。

$$\Delta X_i=-d_iX_{i,t}+[(bio_i^{max}-X_{i,t})+d_iX_{i,t}]S_i \quad (5\text{-}18)$$

$$\Delta X_i=bio_i^{max}\times S_i \quad (5\text{-}19)$$

式中　ΔX_i——第 i 元胞的植物生物量增量；

d_i——第 i 元胞的植物死亡率；

$X_{i,t}$——第 i 元胞第 t 时刻的植物生物量；

bio_i^{max}——第 i 元胞的最大生物量；

S_i——第 i 元胞的土壤盐度。

盐沼植物-土壤因素反馈作用参照已有研究中植被遮阴对土壤盐度的缓解作用（Qi 等，2018）：

$$S=1.2749\times\ln(bio+1)\left[\exp\left(\frac{S_0}{80}\right)-1\right] \quad (5\text{-}20)$$

式中　bio——盐沼植物地上部生物量鲜重；

S_0——裸地中土壤基质盐度；

S——盐沼植物遮阴作用引起的土壤盐度减少量。

5.2.2　盐沼植被空间格局模型模拟结果及验证

采用黄河三角洲地区沿土壤盐度梯度上的野外调查数据率定模型参数。模型率定方法如下：设置一条 0～140g/kg 的土壤盐度带作为模型初始环境数据，该盐度带由若干模拟域组成，模拟域大小为 100m×100m（分辨率 1m），每个模拟域的初始盐度分布为均质分布，盐度间隔为 1g/kg，即模拟域总数为 141 个。每个模拟域设置初始 3 种植物分布状态为空间随机分布，植被覆盖率为 20%，模型运行 10 个时间步长后系统逐渐稳定（图 5-16，书后另见彩图），统计每个盐度梯度上每种植物的覆盖率（%）和平均生物量（g/m²）。

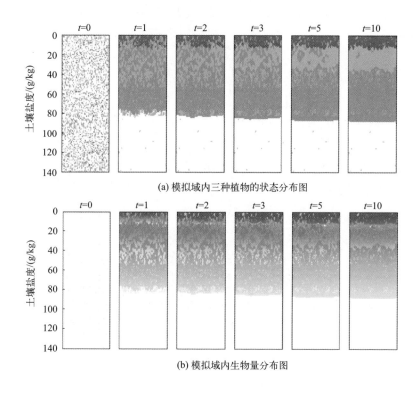

(a) 模拟域内三种植物的状态分布图

(b) 模拟域内生物量分布图

图 5-16 黄河三角洲地区典型盐沼植被

沿土壤盐度梯度方向上（y 轴，盐度范围为 0～140g/kg）分布动态

［模拟时间步长（t）为年。彩图中绿色代表芦苇，浅绿色代表柽柳，红色代表翅碱蓬，白色代表裸地］

模拟结束后，分别从 3 种盐沼植物生物量的数值误差和空间分布两个方面对模拟结果进行评价和验证。

（1）盐沼植物生物量模拟结果评价

方法同 5.1.2 部分。黄河三角洲地区三种植物生物量模拟结果与观测结果对比如表 5-5 和图 5-17 所示。结果显示，3 种植物生物量模拟值和观测值的 MAE 和 RMSE 均小于观测值的标准差（SD$_{观测值}$），且一致性指数（C-index）均大于 0.90。整体来说，本研究构建的盐沼植被空间格局模型能够较好地模拟芦苇、柽柳及翅碱蓬种群的生物量，模拟结果可靠。

表 5-5　黄河三角洲地区三种植物生物量（以 kg 计）模拟结果和观测结果对比

盐沼植物	SD观测值	MAE	RMSE	C-index
芦苇	0.52	0.16	0.26	0.97
柽柳	0.56	0.052	0.087	0.99
翅碱蓬	0.17	0.13	0.16	0.91

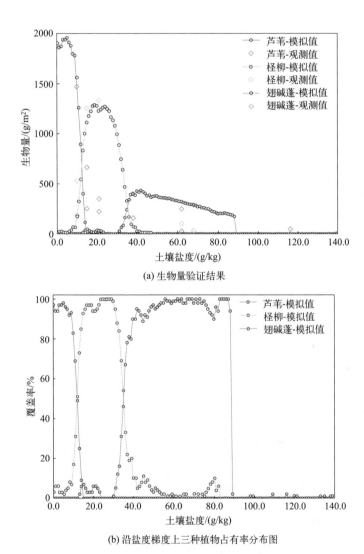

(a) 生物量验证结果

(b) 沿盐度梯度上三种植物占有率分布图

图 5-17　各物种沿土壤盐度方向上的分布（Qi 等，2016）

（2）盐沼植被空间分布格局验证

以黄河三角洲地区典型盐沼植被空间分布遥感解译结果，对柽柳-传粉者交互作用下盐沼植被空间模型（with DDD）模拟结果进行验证比较。验证方法如下：采用黄河三角洲为模拟区域，以该研究区内的土壤盐度空间分布数据为输入条件（数据源于 Qi 等，2016）。该研究区空间分辨率为 2m，设置 3 种植物初始分布状态为空间随机分布，植被覆盖率为20%，以不考虑柽柳-传粉者交互作用的盐沼植被空间模型（without DDD）为对照，模型运行 10 个时间步长后逐渐稳定。

对比空间格局模拟结果与黄河三角洲典型盐沼植被（芦苇、柽柳、翅碱蓬）遥感解译结果发现，由于黄河以南低潮滩地区监测点较少，因此通过空间插值法得到的土壤盐度空间分布图以及基于该图模拟得到的植被分布模拟结果可靠性偏低。尽管如此，通过空间格局模拟仍然可以看出，研究区内典型盐沼植被沿土壤盐度梯度呈条带状分布。与未考虑柽柳-传粉者交互作用时的植被分布格局相比，柽柳-传粉者交互作用下植被格局能更快达到稳定（with DDD：时间 $t=4$；without DDD：时间 $t=5$），且柽柳种群空间分布面积更大（提高 40.44%）（图 5-18）。我们重点分析芦苇-柽柳交错区和柽柳-翅碱蓬交错区内植被分布格局的对比变化。

① 对于存在芦苇-柽柳交错的高地（upland）地区来说，柽柳-传粉者交互作用下芦苇种群空间分布范围缩小 27.45%，植被格局由芦苇-柽柳共存区域转变为柽柳优势种状态。

② 对于存在柽柳-翅碱蓬交错的高潮滩（high marsh）地区来说，与不考虑柽柳-传粉者交互作用时植被空间分布格局相比，柽柳-传粉者交互作用下翅碱蓬种群空间分布范围缩小 26.41%，植被格局由柽柳-翅碱蓬共存区域转变为柽柳优势种状态。

造成以上结果的原因在于，柽柳-传粉者交互作用下，密度制约扩散策略提高了传粉者对低生物量柽柳的访问率，使得柽柳种群在高盐胁迫造成的生物量降低条件下仍能够产生较多的种子（与未考虑柽柳-传粉者交互作用相比），增强了繁殖体扩散过程中柽柳对芦苇和翅碱蓬在生长位点（site）竞争中的优势。并且，由于柽柳为多年生植物，而芦苇（本研究中特指地上部分）和翅碱蓬为一年生植物，当年柽柳覆盖率（柽柳占据的网格数）和生物量的增加将进一步提高下一年度柽柳产种量和竞争能力，使得这种竞争优势表现出累积效应。尽管高生物量时柽柳产种量略有下降，但在柽柳多年生植物身上，高生物量阶段中产种量的相对降低不足以对其竞争优势和最终分布范围造成显著负面影响。

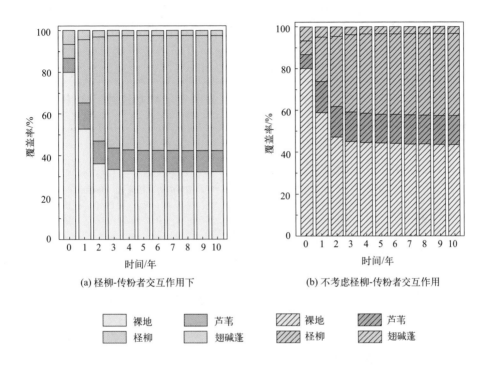

(a) 柽柳-传粉者交互作用下　　　(b) 不考虑柽柳-传粉者交互作用

裸地　　芦苇　　裸地　　芦苇
柽柳　　翅碱蓬　　柽柳　　翅碱蓬

图 5-18　3 种植物和裸地的占有率随模拟时间的变化趋势图

以上结果说明，柽柳-传粉者交互过程中，传粉者密度制约扩散策略引起的柽柳低生物量阶段产种量提高，增强了柽柳对其他盐沼植物（芦苇和翅碱蓬）在争夺生长位点中的竞争优势，提高了柽柳种群在盐胁迫环境中的定植能力和分布范围，对芦苇和翅碱蓬种群空间分布产生较大影响。

5.2.3　盐沼植被空间格局模型敏感性分析

我们对模型中通过参数率定计算得到的 14 个参数（见表 5-4）进行全局敏感性分析，参数包括初始覆盖率 ds、柽柳死亡率 d 和冠层表面风速 μ^*，3 种植物的最大叶面积指数 LAI^{max} 和种子沉降速度 v_t，芦苇最大

产种量 P_seed^{max} 和最大芽体数 P_bud^{max}，翅碱蓬最大产种量 S_seed^{max}，以及柽柳-传粉者交互作用下柽柳产种量参数 V_{max} 和 K_m。敏感性分析方法同 5.1.3 部分，同时计算了 3 种植物和盐沼植被空间分布对上述参数的敏感性。

敏感性分析结果（图 5-19，书后另见彩图）表明，3 种植物和盐沼植被的生物量空间分布对上述参数的敏感性相同，均表现出对参数 V_{max}、ds、μ^* 和 d 敏感。其中，参数 V_{max} 代表了柽柳-传粉者交互作用对柽柳产种量的影响程度，说明柽柳-传粉者交互作用对柽柳及其他盐沼植物的空间分布有显著影响；参数 ds、μ^* 和 d 分别表示初始植被覆盖率、冠层表面风速和柽柳年际死亡率，ds 和 d 取值越大，敏感性分析中生物量模拟曲线与基准曲线之间闭合面积越小，而 μ^* 则反之，表明 μ^*、ds 和 d 越大，盐沼植物种群和群落空间分布受扩散作用影响越小，受植物种间互作关系影响越强。3 种植物及盐沼植被空间分布对其他参数（LAI^{max}、v_t、P_seed^{max}、P_bud^{max}、S_seed^{max}、K_m）则不敏感。

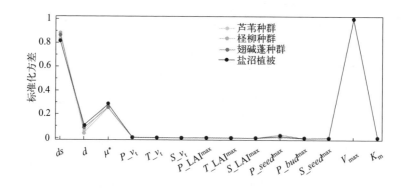

图 5-19 盐沼植被空间模型参数敏感性分析

小结

综上，本章基于前几章野外监测试验、无人机航测数据、传粉者移动扩散模型，结合柽柳-传粉者交互作用过程、环境因素-柽柳反馈过程、柽柳种子扩散和个体生长过程，建立了柽柳种群空间格局模型。在此基础上，进一步考虑黄河三角洲地区典型盐沼植物种间互作（促进/竞争）关系，构建了黄河三角洲盐沼植被空间格局模型，探讨了传粉过程对柽柳种群分布格局和盐沼植被种间关系及空间分布格局的影响。

模拟结果发现，沿土壤盐度梯度方向，柽柳种群和盐沼植被呈条带状分布，模拟结果与野外监测结果基本一致。对模型中的关键参数进行敏感性分析，结果显示，传粉者数量（$Pollinator$）、初始覆盖率（ds）和柽柳死亡率（d）对柽柳种群空间分布影响显著，传粉者饱和功能反应参数（V_{max}）、初始覆盖率（ds）、柽柳死亡率（d）和风速（μ^*）是影响盐沼植被空间分布的关键参数。参数敏感性分析结果表明，柽柳-传粉者交互作用对柽柳种群和盐沼植被空间分布均有显著影响。

　　考虑与不考虑柽柳-传粉者交互作用下柽柳种群和盐沼植被空间格局对比结果表明，传粉者密度制约扩散策略提高了低生物量阶段或定植早期阶段柽柳繁殖力，增强柽柳对胁迫环境的适应性，同时为柽柳种群带来早期种间竞争优势，提高了盐胁迫环境中柽柳定植能力和分布范围，并对其他盐沼植物（芦苇和翅碱蓬）种群空间分布产生较大影响。

第 6 章

黄河三角洲柽柳种群系统弹性分析

本章将依托第 5 章中的柽柳种群空间格局模型，采用分岔分析方法进一步模拟分析生境破碎化扰动下柽柳种群系统弹性响应规律，明确不同程度干扰下系统失稳阈值区间，在此基础上，进一步探讨变化环境中不同强度修复措施下柽柳种群动态变化规律，提出柽柳种群保护阈值，为黄河三角洲柽柳种群恢复和管理提供理论支撑（图 6-1）。

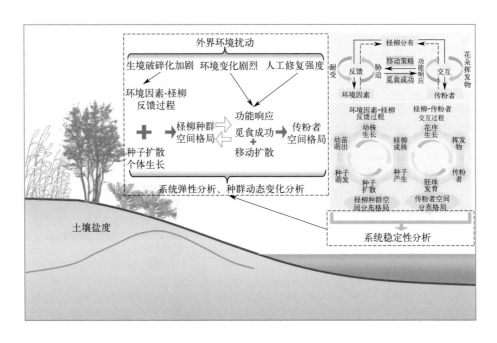

图 6-1　本章研究框架

6.1　生态系统弹性响应机制分析

近几十年来，随着气候变化、自然扰动、人类活动频度和强度的不断加剧，外界扰动下生态系统的响应形式和动态变化机制成为生态学家研究的热点。外界扰动影响下，生态系统存在连续动态（线性响应方式）、阈值动态（非线性或突变性响应方式）及随机动态（非平衡动态响应方式）等多种变化类型（Scheffer 等，2009）。本研究基于柽柳种群和盐沼植被对土壤盐胁迫的响应曲线，采用了分岔分析（bifurcation analysis）方法识别系统突变点。

其理论机制认为，生物-环境之间存在的正反馈关系使得外界扰动影响下生态系统呈现出复杂的非线性响应特征：在达到某一临界阈值前，系统内部要素之间的正反馈过程（positive feedback）促使系统维持稳态（stable state），而当外界扰动超出该临界阈值时系统发生状态突变（catastrophic shift），即从一个状态快速转变为另一个状态，该临界阈值也被称为突变分岔点（catastrophic bifurcation）或临界点（tipping point）（Scheffer 等，2003）（图 6-2）。受系统历史状态的影响，不同扰动情景下稳态类型和系统维持稳态的环境扰动范围并不一致，系统表现出带有迟滞效应的非线性响应方式，使得系统在某一环境扰动范围内存在双稳态（bistability 或 alternative stable states）。双稳态区间范围描述了系统弹性，其两个端点分别对应系统的两个突变分叉点：一个是外界环境不断恶化情景下系统发生崩溃（collapse）的突变点；另一个是外界环境不断改善情景下系统开始恢复（recovery）的突变点。因此，系统稳定性研究包括系统对外在扰动的抵抗力（resistance）和扰动消除后系统的恢复力（recovery）两部分（McCann 等，2000）。从系统全局层面来讲，系统内部要素属性和互作关系的变化会通过系统内部动力学行为的改变影响系

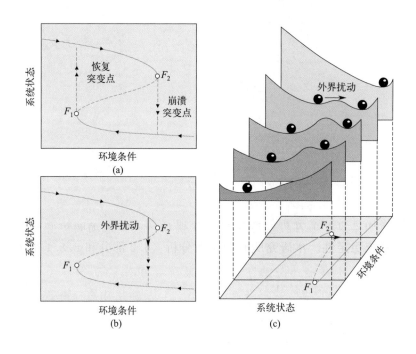

图 6-2 系统分岔分析示意图（Scheffer 等，2003）

统自身稳定性，以及外在扰动下系统发生稳态突变的阈值和范围。

图 6-2(a) 和（b）显示了系统不同稳态转换的 2 种方式：

① 如果系统位于上支路，但接近分岔点 F_2，条件的轻微增量变化可能会使其超出分岔，并导致系统状态快速转变到较低的替代稳定状态（"前移"）。如果试图通过条件反转来恢复上分支的状态，系统将显示滞后，即只有当条件反转到足以到达另一个分岔点 F_1 时，才会发生向后移动[图 6-2(a)]。

② 如果扰动足够大，足以使系统越过吸引盆地的边界，则扰动（箭头）也可能导致转换到替代稳定状态[图 6-2(b)]。

图 6-2(c)显示外部条件影响多稳定生态系统对扰动的恢复力：图中上半部分描述了 5 种不同条件下的系统稳态及其吸引阈，下半部分显示了平衡曲线[同图 6-2(a)和(b)]。稳定平衡对应于谷；折叠平衡曲线的不稳定中间部分对应于一个峰。如果吸引阈的范围很小，则系统恢复力很小，即使是轻微扰动也可能会使系统进入替代吸引阈。

6.2 环境因素-传粉者共同作用下的柽柳种群系统弹性分析

6.2.1 柽柳-传粉者交互作用对柽柳种群系统弹性的影响

本研究基于柽柳空间格局模型，以柽柳覆盖率（occupancy radio，%）和地上部生物量 bio（干重，g/m^2）作为系统状态指标，以土壤盐度 S（g/kg）作为环境胁迫因子，通过模拟土壤盐度梯度变化下柽柳覆盖率和生物量的响应变化，对植物-土壤反馈与柽柳-传粉者互作共同影响下的柽柳空间格局进行分岔分析，探讨外界环境扰动下柽柳空间格局动态变化规律及系统稳定性。本研究所有稳定性分析（6.2 部分和 6.3.1 部分）和种群动态分析（6.3.2 部分）均在 R 语言中进行。

本研究对比了考虑/不考虑柽柳-传粉者交互作用下的柽柳种群系统弹性：

① 不考虑柽柳-传粉者交互作用，种子产生过程仅与植物生物量相关，忽略传粉者传粉过程中移动策略对植物产种量的影响。这类设定在以往植被空间格局模拟研究中应用最多，空间任意位置处植物产种量与

当前生物量呈线性正相关。

② 考虑柽柳-传粉者交互作用，种子产生过程受到传粉者移动扩散策略的影响，而传粉者移动过程受同种密度和资源最大承载力的制约。这类设定中，与密度无关扩散策略相比，密度制约扩散策略提高了传粉者对低密度植物斑块的访问率和植物产种量。此时，空间任意位置处植物产种量与当前生物量呈饱和型正相关关系。

系统分岔分析计算方式如下：首先设置一个 $100m \times 100m$ 的模拟域，网格分辨率为 1m，土壤盐度条件为均质分布，初始柽柳空间分布格局为随机分布，覆盖率为 20%，初始柽柳生物量梯度为 $0.01g/m^2$、$10g/m^2$、$50g/m^2$、$100g/m^2$、$500g/m^2$、$1000g/m^2$、$1500g/m^2$、$2000g/m^2$、$2500g/m^2$、$3000g/m^2$、$3500g/m^2$、$4000g/m^2$。从土壤盐度 $S=0$、初始生物量 $bio=0.01g/m^2$ 开始运行模型，待模拟结果达到稳定后记录模拟域中柽柳覆盖率（柽柳占据网格数占空间内网格总数的比例）和生物量，均为平均值，并将土壤盐度在之前的基础上增加 $2g/kg$，待模拟结果稳定后再次记录柽柳覆盖率和生物量。依次循环，直至土壤盐度增至 $140g/kg$，记录每次模拟结果稳定后的柽柳覆盖率（%）和生物量（g/m^2）。然后设置初始生物量 $bio=10g/m^2$ 运行模型，土壤盐度变化过程同上，记录每次模拟结果稳定后的柽柳覆盖率（%）和生物量（g/m^2）。各初始生物量梯度模拟结束后，反向运行模型，初始生物量梯度与先前一致，从土壤盐度 $S=140g/kg$、初始生物量 $bio=0.01g/m^2$ 开始运行模型，待模拟结果稳定后记录模拟空间内柽柳覆盖率（%）和生物量（g/m^2），并将土壤盐度在之前的基础上减少 $2g/kg$，继续运行模型，同样记录每次模拟结果稳定后的柽柳覆盖率（%）和生物量（g/m^2）。对于两个不同的产种量计算方式，除种子产量计算方式不同外，其余条件和参数设置均保持不变，分岔分析方法亦相同。模型全部运行结束后，得到不同土壤盐度梯度下柽柳种群内柽柳覆盖率和生物量的分岔结果，统计不同土壤盐度梯度下柽柳覆盖率和生物量的最大值和最小值，用以确定柽柳种群系统的双稳态区间。

分岔分析结果表明，无论考虑柽柳-传粉者交互作用与否，柽柳种群系统均呈现非线性响应行为，系统存在临界突变点，系统动态表现为突变型，且在某一环境胁迫范围内存在系统双稳态（图 6-3，书后另见彩图）。

但两种不同情景下的系统响应状况仍存在差异，具体如下。

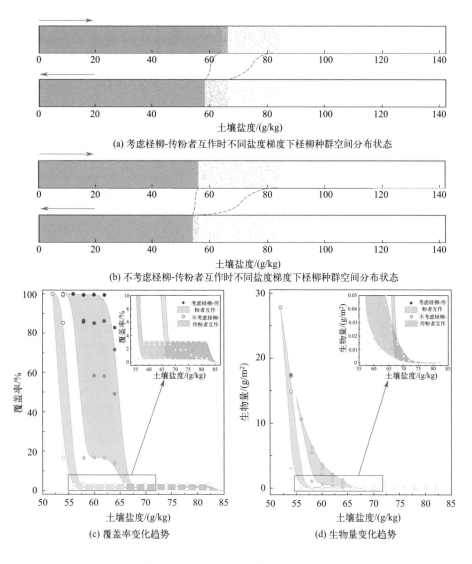

(a) 考虑柽柳-传粉者互作时不同盐度梯度下柽柳种群空间分布状态

(b) 不考虑柽柳-传粉者互作时不同盐度梯度下柽柳种群空间分布状态

(c) 覆盖率变化趋势

(d) 生物量变化趋势

图 6-3 柽柳种群系统分岔分析结果

［图（c）和图（d）中浅绿色部分为柽柳-传粉者交互作用下柽柳种群系统双稳态区间，
彩图中浅紫色部分为不考虑柽柳-传粉者交互作用时的系统双稳态区间。图中圆圈颜色深浅
与其数值大小相关，数值越大颜色越深，反之亦然］

① 对于不考虑柽柳-传粉者交互作用的柽柳种群系统，土壤盐度在 52～82g/kg 范围内，随着土壤盐度的不断增大，柽柳覆盖率和生物量逐渐减少，在此盐度范围内系统针对环境扰动的响应是可逆的，若此时降低土壤盐度，柽柳覆盖率和生物量则会增加；当土壤盐度达到 82g/kg

时，系统达到突变点，柽柳覆盖率和生物量突变为零，系统发生不可逆突变，若此时降低土壤盐度后系统不会马上恢复为先前状态，柽柳生物量仍为零，只有当土壤盐度进一步减小至 56g/kg 时，系统才达到另一突变点，此时柽柳覆盖率和生物量快速增加（图 6-3）。

② 对于柽柳-传粉者交互作用下的柽柳种群系统，系统存在双稳态的土壤盐度区间在 52～82g/kg 范围内，随着土壤盐度的不断增大，柽柳覆盖率和生物量逐渐减少，这一盐度范围内柽柳种群系统对于环境扰动的行为响应关系为可逆的，即，如果此时土壤盐度减小，柽柳覆盖率和生物量则会增加；当土壤盐度达到 82g/kg 时，系统达到突变点，此时柽柳覆盖率和生物量突变为零，系统发生不可逆的突变响应，若此时降低土壤盐度，柽柳种群系统并不会立即恢复至先前状态，此时柽柳覆盖率和生物量仍在临界阈值以下，土壤盐度进一步减小至 66g/kg 时，系统达到另一突变点，柽柳覆盖率和生物量迅速增加。

为进一步分析突变点处柽柳种群系统响应过程，本研究对崩溃突变点附近柽柳覆盖率随土壤盐度增加和时间的变化规律进行分析（图 6-4）。结果表明，柽柳种群系统在临近突变点时存在临界松弛现象，进一步验证了柽柳种群系统对变化环境条件的非线性响应特征。

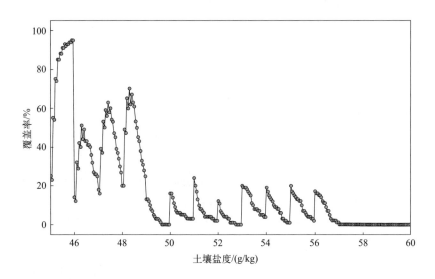

图 6-4　柽柳种群系统在崩溃突变点附近的临界松弛现象

（以土壤盐度递增、初始生物量 $bio=50g/m^2$ 情景模拟结果为例）

综上所述，土壤盐度不断增大时，两种系统（考虑/不考虑柽柳-传粉者交互作用）均在 $S=82\text{g/kg}$ 时达到崩溃的突变点；随着土壤盐度不断减小，柽柳-传粉者交互作用下系统在 $S=66\text{g/kg}$ 时达到恢复的突变点，而不考虑柽柳-传粉者交互作用的系统需要在土壤盐度 $S=56\text{g/kg}$ 时才达到恢复的突变点。可以看出，种群尺度上，柽柳-传粉者交互作用提高了柽柳种群系统应对胁迫环境的适应性和弹性，提高了外界扰动下系统的稳定性以及失稳后系统恢复力。

6.2.2 柽柳-传粉者交互作用下的盐沼植被系统弹性

基于第 5 章中黄河三角洲典型盐沼植被（芦苇、柽柳和翅碱蓬）空间格局模型，以模型中植物覆盖率（occupancy radio，%）和地上部生物量 bio（干重，g/m^2）作为系统状态指标，以土壤盐度 S（g/kg）作为环境胁迫因子，通过模拟土壤盐度梯度变化下，3 种盐沼植物覆盖率和生物量的响应规律，对植物-土壤反馈与柽柳-传粉者互作共同影响下的植被空间格局进行分岔分析，探讨外界环境扰动下盐沼植被分布格局的动态变化及系统稳定性。该部分研究中，对比了考虑/不考虑柽柳-传粉者交互作用影响下盐沼植被系统稳定性，方法同 6.2.1 部分。

系统分岔分析计算方式如下：首先设置一个 100m×100m 的模拟域，网格分辨率为 1m，土壤盐度条件为均质分布，初始 3 种植物（芦苇、柽柳和翅碱蓬）分布为随机分布，植被总覆盖率为 20%，初始生物量梯度为 0.01g/m^2、10g/m^2、50g/m^2、100g/m^2、500g/m^2、1000g/m^2、1500g/m^2、2000g/m^2、2500g/m^2、3000g/m^2、3500g/m^2、4000g/m^2。从土壤盐度 $S=0$、3 种植物初始生物量均为 $bio=0.01\text{g/m}^2$ 开始运行模型，待模拟结果达到稳定后记录模拟空间中 3 种植物的覆盖率（植物占据网格数占空间中网格总数的比例，%）和相应生物量（g/m^2），均为空间平均值，并将土壤盐度在之前的基础上增加 2g/kg，待模拟结果稳定后再次记录 3 种植物的覆盖率（%）和相应生物量（g/m^2）。依次循环，直至土壤盐度增至 140g/kg。然后设置初始生物量 $bio=10\text{g/m}^2$ 运行模型，土壤盐度变化过程同上，记录每次模拟结果稳定后的 3 种植物的覆盖率（%）和相应生物量（g/m^2）。各初始生物量梯度模拟结束后，反向运行模型，初始生物量梯度与先前一致，从土壤盐度 $S=140\text{g/kg}$、初始生物量 $bio=0.01\text{g/m}^2$ 开始运行模型，待模拟结果稳定后记录模拟空间内 3 种植物的覆盖率（%）和相应生物量（g/m^2），并将土壤盐度在之前的基础上减少 2g/kg，继续运行模型，依次循环。对于考虑/不考虑传粉作用的系统，除柽柳种子产量计算方式不同外，其余条件和参数设置均保持不变，分岔分析方法亦相同。模型全部运行结束后，得到不同土壤盐度梯度下芦苇、柽柳和翅碱蓬覆盖率和生物量的分岔结果，统计不同土壤盐度梯度下每种植物覆盖率和生物量的最大值和最小值，用以确定盐沼植物群落整体和每种植物的双稳态区间。

分岔分析结果表明，无论考虑柽柳-传粉者交互作用与否，盐沼植被系统均呈现非线性响应行为，两种系统动态均存在临界突变点，且在某一环境胁迫范围内存在系统双稳态，但两种不同情景下的系统响应状况仍存在差异（图 6-5，书后另见彩图），具体如下。

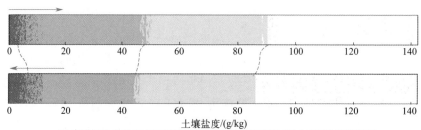

(a) 考虑柽柳-传粉者交互作用(with DDD)的盐沼植被系统中不同盐度梯度下
3种植物(彩图中芦苇—绿色，柽柳—浅绿色，翅碱蓬—红色)的空间分布状态

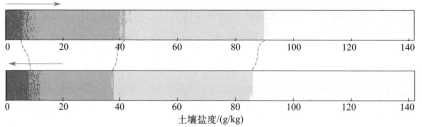

(b) 不考虑柽柳-传粉者交互作用(without DDD)的盐沼植被系统中不同盐度梯度下3种植物的空间分布状态

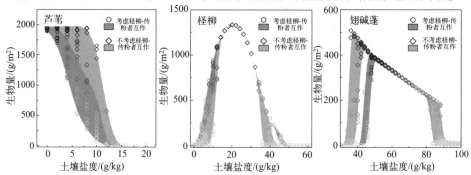

(c) 不同盐度梯度下3种植物的生物量(彩图中浅绿色部分为柽柳-传粉者交互作用下系统
双稳态区间，浅紫色部分为不考虑柽柳-传粉者交互作用时的系统双稳态区间)

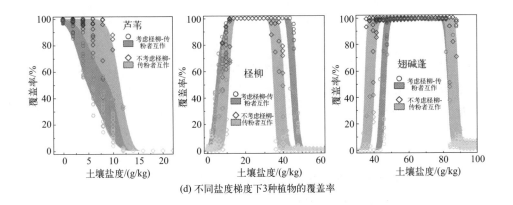

(d) 不同盐度梯度下3种植物的覆盖率

图 6-5 盐沼植被系统分岔分析结果

（1）不考虑柽柳-传粉者交互作用的盐沼植被系统

① 对芦苇来说，土壤盐度在 0～12g/kg 范围内，随着土壤盐度的不断增大，芦苇覆盖率和生物量逐渐减少，在此盐度范围内系统针对环境扰动的响应是可逆的，若此时降低土壤盐度，芦苇覆盖率和生物量会增加；当土壤盐度达到 12g/kg 时，系统达到崩溃突变点，芦苇覆盖率和生物量突变为 0，系统发生不可逆突变，若此时降低土壤盐度，系统不会马上恢复至先前状态，芦苇生物量仍为 0，只有当土壤盐度进一步减小至 8g/kg 时系统才达到恢复突变点，此时芦苇覆盖率和生物量快速增加。

② 对柽柳来说，土壤盐度在 0～46g/kg 范围内时，柽柳覆盖率和生物量经历了先增加后减少的过程，并在 22g/kg 时覆盖率和生物量达到峰值。土壤盐度在 0～22g/kg 范围内时，由于低盐度范围内芦苇具有较强的竞争能力，柽柳处于相对竞争弱势，随着土壤盐度不断增加，芦苇竞争力迅速下降，而柽柳迅速占据空间位置并成为优势种，覆盖率和生物量随之增加。土壤盐度在 22～46g/kg 范围内时，柽柳覆盖率和生物量不断下降并在 46g/kg 时达到系统崩溃突变点，覆盖率和生物量突变为 0，此时即便降低土壤盐度，系统也不能恢复至先前状态，只有当土壤盐度进一步降低至 36g/kg 时，系统才达到另一突变点（即恢复突变点），柽柳覆盖率和生物量快速增加。

③ 对翅碱蓬来说，土壤盐度在 0～32g/kg 范围内时，覆盖率和生物量为 0，此时系统状态仍以芦苇和柽柳为优势种；在 34～36g/kg 范围内

时，翅碱蓬开始迅速占据空间网格并迅速生长；在 34～100g/kg 范围内时，翅碱蓬覆盖率和生物量同样经历先增加后衰减的过程，并在 100g/kg 时达到系统崩溃突变点，翅碱蓬覆盖率和生物量突变为 0，此时即便降低土壤盐度，系统也不能恢复至先前状态，只有当土壤盐度进一步降低至 84g/kg 时，系统才达到恢复突变点，翅碱蓬覆盖率和生物量快速增加。

（2）考虑柽柳-传粉者交互作用的柽柳种群系统

① 对芦苇来说，土壤盐度在 0～10g/kg 范围内时，随着土壤盐度的不断增大，芦苇覆盖率和生物量逐渐减少，在此盐度范围内系统对环境扰动表现出可逆响应；当土壤盐度达到 10g/kg 时，芦苇种群系统达到崩溃突变点，芦苇覆盖率和生物量突变为 0，系统发生不可逆突变，此时降低土壤盐度后芦苇种群不会立即恢复至先前状态，芦苇生物量仍为 0，只有当土壤盐度进一步减小至 8g/kg 时，系统达到恢复突变点，此时芦苇覆盖率和生物量快速增加。

② 对柽柳来说，土壤盐度在 0～66g/kg 范围内，柽柳覆盖率和生物量同样经历了先增加后减少的过程，并在 20～22g/kg 时覆盖率和生物量达到峰值。土壤盐度在 22～66g/kg 范围内，柽柳覆盖率和生物量不断下降并在 66g/kg 时达到系统崩溃突变点，柽柳覆盖率和生物量突变为 0，此时即便降低土壤盐度，柽柳种群也不能立即恢复至先前状态，只有当土壤盐度进一步降低至 46g/kg 时系统才达到恢复突变点，柽柳覆盖率和生物量快速增加。

③ 对翅碱蓬来说，土壤盐度在 0～42g/kg 范围内时，翅碱蓬覆盖率和生物量为 0，此时系统仍以芦苇和柽柳为优势种；在 44～46g/kg 范围内时，翅碱蓬开始迅速占据空间网格并迅速生长；在 44～100g/kg 范围内时，翅碱蓬覆盖率和生物量同样经历先增加后衰减的过程，并在 100g/kg 时达到系统崩溃突变点，翅碱蓬覆盖率和生物量突变为 0，此时即便降低土壤盐度，系统也不能恢复至先前状态，只有当土壤盐度进一步降低至 84g/kg 时，系统才达到恢复突变点，翅碱蓬覆盖率和生物量快速增加。

为进一步分析突变点处 3 种盐沼植物种群系统的响应过程，本研究分析了涌现突变点和崩溃突变点附近 3 种植物的覆盖率随土壤盐度增加和时间的变化规律，如图 6-6 所示。结果表明，3 种植物种群系统在临近突变点时存在临界松弛现象，这一现象进一步验证了变化环境条件下盐沼植被系统的非线性响应特征。

综上所述，群落尺度上，随着土壤盐度的不断增大，两种盐沼植被系统（考虑/不考虑柽柳-传粉者交互作用）均在 $S=100\text{g/kg}$ 时达到崩溃突变点，系统状态转为裸地；随着土壤盐度的不断减小，两种系统在 $S=84\text{g/kg}$ 时达到恢复突变点。但在种群尺度上，3 种植物种群系统对土壤盐度改变的响应状况存在差异。

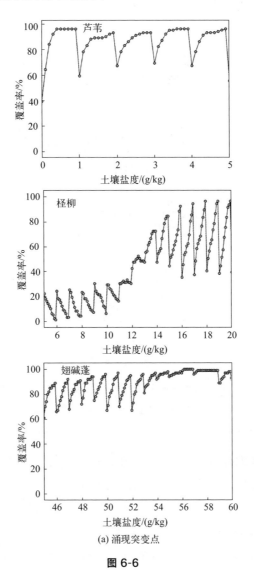

(a) 涌现突变点

图 6-6

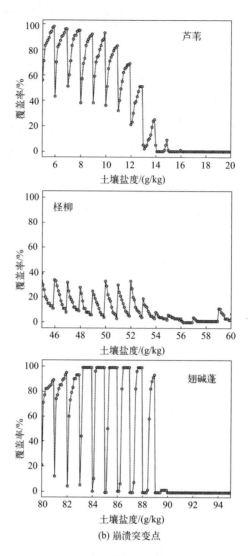

图 6-6 3种盐沼植物种群（芦苇、柽柳和翅碱蓬）系统在涌现
突变点和崩溃突变点附近的临界松弛现象

（以土壤盐度递增、初始生物量 $bio=50\mathrm{g/m^2}$ 情景模拟结果为例）

① 芦苇：考虑柽柳-传粉者交互作用的系统中，芦苇种群在 $S=10\mathrm{g}/$ kg 时达到崩溃突变点，在 $S=8\mathrm{g/kg}$ 时达到恢复突变点；而在不考虑柽柳-传粉者交互作用的系统中，芦苇种群在 $S=12\mathrm{g/kg}$ 时达到崩溃突变点，在 $S=8\mathrm{g/kg}$ 时达到恢复突变点。

② 柽柳：考虑柽柳-传粉者交互作用的系统中，柽柳种群在 $S=$

66g/kg 时达到崩溃突变点，在 $S=46$g/kg 时达到恢复突变点；而在不考虑柽柳-传粉者交互作用的系统中，柽柳种群同样在 $S=46$g/kg 时达到崩溃突变点，但其恢复突变点在 $S=36$g/kg 时，系统才能恢复。

③ 翅碱蓬：两种系统中，翅碱蓬种群均在 $S=100$g/kg 时达到崩溃突变点，在 $S=84$g/kg 时达到恢复突变点，但是从翅碱蓬涌现时间看，不考虑柽柳-传粉者交互作用的系统中，翅碱蓬种群在 $S=34$g/kg 时开始占据空间位置并迅速生长为优势种，而在考虑柽柳-传粉者交互作用下的盐沼植被系统中，翅碱蓬种群需在 $S=44$g/kg 时才能开始占据空间位置并迅速生长为优势种。

因此，对于整个盐沼植被系统来说，与不考虑柽柳-传粉者交互作用的系统相比，尽管柽柳-传粉者交互作用没有改变整个盐沼植被系统的稳态区间（均为 84~100g/kg），但是它显著改变了芦苇-柽柳交错带和柽柳-翅碱蓬交错带上的系统状态：

① 土壤盐度 $S=10$~12g/kg 范围内，系统状态由芦苇-柽柳交错状态（不考虑柽柳-传粉者交互作用）转变为柽柳状态（考虑柽柳-传粉者交互作用）；

② 土壤盐度 $S=34$~44g/kg 范围内，系统状态由柽柳-翅碱蓬交错状态（不考虑柽柳-传粉者交互作用）转变为柽柳状态（考虑柽柳-传粉者交互作用）。

这是由于，柽柳-传粉者交互作用提高了柽柳定植早期繁殖力，增强了柽柳相对于芦苇和翅碱蓬的竞争优势，促使系统状态向"柽柳覆盖状态"发生偏移。

以上结果表明，10~12g/kg 和 34~44g/kg 两个土壤盐度带是柽柳-传粉者交互作用影响的关键区域，盐沼植被系统由芦苇-柽柳交错状态和柽柳-翅碱蓬交错状态向柽柳覆盖状态偏移。与此同时，对于研究目标植物柽柳来说，在盐沼植被系统中柽柳-传粉者交互作用同样缩小了柽柳种群系统的稳态区间，提高了柽柳种群的系统弹性和恢复力。因此，群落尺度上，柽柳-传粉者交互作用仍旧能够提高柽柳种群系统应对胁迫环境的适应性和弹性，提高了外界环境扰动下系统的稳定性以及失稳后系统恢复力。

6.3 外界扰动下柽柳种群系统弹性响应和种群动态变化规律

针对黄河三角洲地区柽柳破碎化加剧、种群不断退化现状，本节内容将从生境破碎化造成柽柳种群衰退和人工移植措施修复柽柳种群两个方面，探讨生境破碎化背景下柽柳种群系统稳定性变化规律和弹性阈值，以及不同强度人工修复措施下柽柳种群动态变化规律，以期为黄河三角洲地区柽柳种群的保护和管理提供科学依据。

6.3.1 生境破碎化影响下柽柳种群系统弹性响应规律

为探讨生境破碎化对柽柳种群系统弹性的影响，本小节依托柽柳种群空间格局演化模型，以不同生境破碎化程度（量化为非生境比例，non-habitat percentage，NHP，同第 4 章）为模拟情景，分析不同程度生境破碎化影响下柽柳种群系统对抗外界扰动（土壤盐度变化）的弹性，为柽柳种群管理提供科学依据。根据第 4 章中不同生境破碎化情境下传粉者觅食成功率和植物繁殖力变化趋势，得到了不同程度破碎化情景下柽柳密度-传粉者数量功能响应关系，用于计算不同生境破碎化情景下柽柳产种量变化，结合第 5 章构建的柽柳种群空间格局模型，本研究分别模拟了不同程度生境破碎化情景（NHP＝0.4、0.5、0.6、0.7、0.8）下柽柳种群的系统弹性，探讨了柽柳-传粉者交互作用在维持破碎化生境中柽柳种群系统稳定性的作用（图 6-7 和表 6-1）。分岔分析方法和参数设置同 6.2.1 部分。其中，放弃 NHP＝0.9 的模拟情景是由于在此破碎化程度下传粉者难以在不同柽柳斑块之间扩散，造成模拟结果不准确，因此在系统稳定性分析中未使用该情景。

表 6-1　不同生境破碎化情景（NHP= 0.4~0.8）下柽柳产种量参数列表

情景	参数	NHP＝0.4	NHP＝0.5	NHP＝0.6	NHP＝0.7	NHP＝0.8
柽柳-传粉者互作	V_{max}	246106.15	332846.86	453767.75	66051.04	36419.20
	K_m	7.20	9.06	28.71	6.38	14.84
无柽柳-传粉者互作	C	21945.81	25521.68	14069.90	6365.66	1904.90

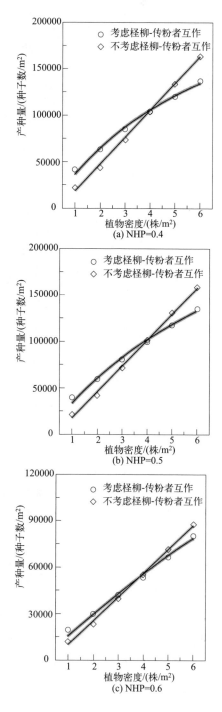

图 6-7

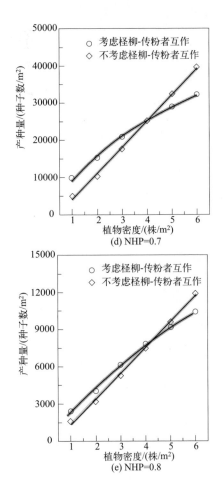

图 6-7 基于传粉者对植物密度功能响应方程计算得到不同生境破碎化情景
（NHP= 0.4～0.8）下柽柳密度与产种量关系（4.4.3部分，基于图 4-15）

图 6-8（书后另见彩图）和图 6-9（书后另见彩图）为不同程度生境
破碎化影响下，柽柳覆盖率对土壤盐度（S）梯度变化的非线性响应变化
趋势。

模拟结果显示：

① 对于不考虑柽柳-传粉者交互作用的柽柳种群系统，随着生境破碎
化加剧，即 NHP 增加，柽柳种群系统弹性逐渐减小。当生境破碎化水平
NHP＝0.4～0.5 时，系统在 S＝84g/kg 时达到崩溃突变点，覆盖率和生
物量突变为 0，在 S＝66g/kg 时系统达到恢复突变点，覆盖率与生物量
迅速增长；当生境破碎化水平 NHP＝0.6 时，系统同样在 S＝84g/kg 时

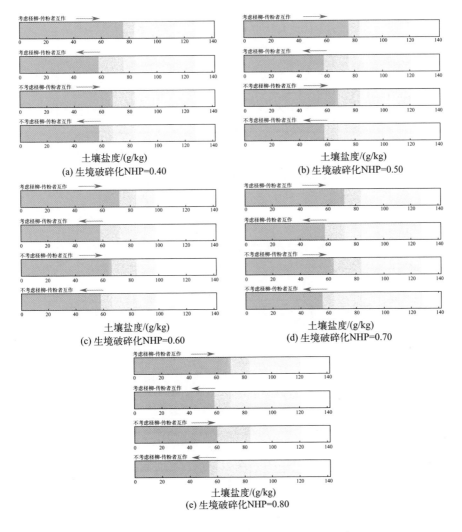

图 6-8 不同程度生境破碎化情景（NHP= 0.4～0.8）下，
柽柳-传粉者交互作用（with DDD）下的和不考虑柽柳-传粉者
交互作用（without DDD）的柽柳种群沿土壤盐度梯度分布格局

达到崩溃突变点，覆盖率和生物量突变为 0，在 $S=64\text{g/kg}$ 时系统恢复；当生境破碎化水平 NHP$=0.7$ 时，系统在 $S=84\text{g/kg}$ 时达到崩溃突变点，在 $S=62\text{g/kg}$ 时恢复；当生境破碎化水平进一步提高至 0.8 时，系统在 $S=84\text{g/kg}$ 时达到崩溃突变点，而土壤盐度需进一步降低至 $S=58\text{g/kg}$ 时系统才能恢复。

②对于柽柳-传粉者交互作用下的柽柳种群系统，随着生境破碎化

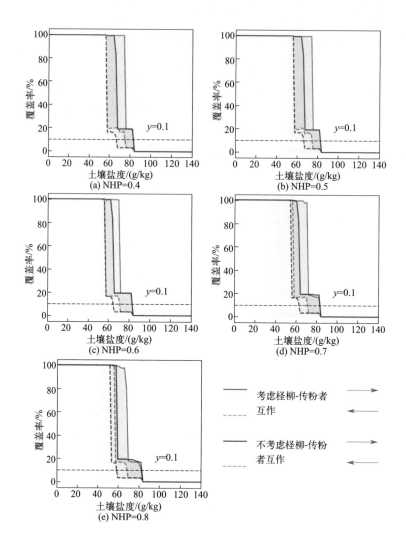

图 6-9　不同程度生境破碎化情景（NHP= 0.4 ～ 0.8）下柽柳种群系统分岔分析结果

[彩图中绿线为柽柳-传粉者交互作用下的柽柳种群系统（with DDD），红线为不考虑
柽柳-传粉者交互作用的柽柳种群系统（without DDD）；实线为土壤盐度递增情景，
虚线为土壤盐度递减情景；浅绿色部分为柽柳-传粉者交互作用下
系统双稳态区间，浅红色部分为不考虑柽柳-传粉者交互作用时的系统双稳态区间]

加剧，即 NHP 增加，柽柳种群系统弹性仍受到生境破碎化的显著影
响。当生境破碎化水平 NHP＝0.4～0.5 时，系统在 $S=84\mathrm{g/kg}$ 时达到
崩溃突变点，覆盖率和生物量突变为 0，在 $S=74\mathrm{g/kg}$ 时系统恢复，覆
盖率与生物量迅速增长；当生境破碎化水平 NHP＝0.6～0.7 时，系统

在 $S=84\mathrm{g/kg}$ 时达到崩溃突变点，并在 $S=70\mathrm{g/kg}$ 时得以恢复，覆盖率和生物量迅速增加；当生境破碎化水平 $NHP=0.8$ 时，系统在 $S=84\mathrm{g/kg}$ 时达到崩溃突变点，而土壤盐度需进一步降低至 $S=68\mathrm{g/kg}$ 时系统才能恢复。

也就是说，随着生境破碎化的不断加剧，柽柳种群系统弹性降低，特别是系统崩溃后恢复力下降：柽柳-传粉者交互作用下柽柳种群系统恢复突变点相应从 $S=74\mathrm{g/kg}$ 降低至 $S=68\mathrm{g/kg}$，而不考虑柽柳-传粉者交互作用下柽柳种群系统恢复突变点相应从 $S=66\mathrm{g/kg}$ 降低至 $S=58\mathrm{g/kg}$，系统恢复阈值分别降低 10.81%、10.81%、8.57%、11.43% 和 14.71%。

综上所述，随着生境破碎化程度的增加，柽柳种群系统的弹性逐渐下降：系统对抗土壤盐度增加的稳定性减弱，且系统崩溃后再恢复的难度加大。而柽柳传粉者交互作用提高了柽柳种群系统在破碎化生境中的弹性，并且生境破碎化程度越高，柽柳传粉者交互作用带来的优势越显著，即生境破碎化背景下，传粉作用对于维持柽柳种群系统稳定、提高系统弹性起到的作用越来越重要。

6.3.2 不同保护措施影响下柽柳种群动态变化规律

为明确现行修复措施下柽柳种群系统动态变化规律，本小节立足于人工移栽和控制盐渍化联合修复措施，提出柽柳种群保护阈值（protection threshold）：在柽柳种群覆盖率达到保护阈值前，利用柽柳-土壤反馈过程对土壤盐胁迫的改善，通过人为移栽（artificial recruitment）柽柳以抵消高盐土壤造成柽柳死亡。基于 5.1 部分构建的柽柳种群空间格局模型，以不同保护阈值、不同盐度转变梯度为模拟情景，分析了不同修复强度下柽柳种群系统动态变化规律，提出柽柳种群保护阈值，为柽柳种群恢复和管理提供理论支撑。

模拟情景设置如下：设置不同的盐度转变梯度（2g/kg、5g/kg、7g/kg、10g/kg），用以模拟不断变化的动态环境（环境不断恶化情景：盐度递增过程；环境不断改善情景：盐度递减过程），在环境不断改善情景下设置不同的柽柳保护阈值（0.001、0.01、0.1、0.2、0.4、0.6、0.8、1.0），通过人工移栽柽柳以抵消高盐胁迫造成的柽柳死亡以达到柽柳保护阈值，当柽柳覆盖率达到保护阈值后，撤除人工移植措施，柽柳开始以自然死亡率（死亡率参数同 6.2.1 部分）实现种群增长。以保护阈值 0.1 为例，假设当柽柳覆盖率达到保护阈值（如 0.1）后，柽柳才开始死亡（死亡率为 1/6），否则柽柳不死亡。模拟方法如下。

（1）环境不断恶化情景

首先设置一个 100m×100m 的模拟域，网格分辨率为 1m，土壤盐度条件为均质分布，初始柽柳分布为随机分布，覆盖率为 20%，初始柽柳生物量为 50g/m²。从土壤盐度 $S=0$ 开始运行模型，每个时间步长后在柽柳占据网格中随机选择 1/6 重置为裸地（状态和生物量均为 0，土壤盐度不变，下同），用以模拟柽柳死亡率。运行 20 个时间子步长（sub-timestep）后柽柳种群达到稳定状态，记录当前稳定时刻（第一个时间步长）模拟域中的柽柳覆盖率、生物量和土壤盐度，以此为基础，在当前盐度水平上加 2g/kg，改变后继续运行 20 个子步长达到稳定，得到第二个稳定时刻（第二个时间步长）下柽柳覆盖率、生物量和土壤盐度，继续以此为基础，在当前盐度水平上继续加 2g/kg，依次循环，共循环 70 次，得到 70 个模拟时长（稳定时刻）下柽柳覆盖率、生物量和土壤盐度。循环结束后，将每次盐度增加幅度分别提高至 5g/kg（设置模拟时长 29）、7g/kg（设置模拟时长 21）和 10g/kg（设置模拟时长 15），每个盐度转变梯度下模型参数设置和计算方式均相同，得到环境恶化情景、不同盐度转变梯度下，不同稳定时刻柽柳覆盖率、生物量和土壤盐度的时间动态变化规律。

（2）环境不断改善情景

初始模拟域设置与上述环境恶化情景设置相同，并设置不同保护阈值（0.001、0.01、0.1、0.2、0.4、0.6、0.8、1.0）。从土壤盐度 $S=140g/kg$、保护阈值为 0.001 开始运行模型，运行 20 个时间子步长（sub-timestep）后柽柳种群达到稳定状态，记录第一个稳定时刻（即第一个时间步长）模拟域中的柽柳覆盖率、生物量和土壤盐度。判断该时刻柽柳覆盖率是否达到保护阈值：若未达到保护阈值，则在当前状态基础上进行柽柳补充，从所有网格中随机选择 300 个网格设置状态为 1（代表柽柳）、生物量为 50g/m²；若达到保护阈值，则在柽柳占据网格中随机选

择 1/6（即柽柳死亡率）重置为 0（代表裸地），并在此后每个时间子步
长模拟中执行相同死亡率，同时取消柽柳补充，实现柽柳种群自然生长
和演变。无论柽柳覆盖率是否达到保护阈值，土壤盐度均在上一时间步
长（timestep）土壤盐度的基础上减 2g/kg，继续运行 20 个子步长，得到
第二个稳定时刻下的柽柳覆盖率、生物量和土壤盐度，然后判断当前覆
盖率是否达到保护阈值，同时在当前土壤盐度基础上继续减 2g/kg，判断
规则同上。依次循环，共执行 70 次，得到 70 个模拟时长（稳定时刻）
的柽柳覆盖率、生物量和土壤盐度。循环结束后，将每次覆盖率判断中
保护阈值提高至 0.01、0.1、0.2、0.4、0.6、0.8 和 1.0、每次盐度降低
幅度分别提高至 5g/kg（模拟时长 29）、7g/kg（模拟时长 21）和 10g/kg
（模拟时长 15），每个保护阈值、盐度转变梯度下模型参数设置和计算方
式均相同。模型运行结束后，得到环境改善情景、不同保护阈值和盐度
转变梯度下，不同稳定时刻的柽柳覆盖率、生物量和土壤盐度动态变化
规律。特别指出的是，该模拟方法与 6.2 部分中柽柳种群稳定性分析中
的分岔分析方法并不相同，其区别在于，分岔分析方法中是每个盐度梯
度下独立模拟，而本方法模拟的是基于时间序列的、连续变化且状态承
接的柽柳种群系统，即当前时刻柽柳和土壤盐度状态以上一时刻的柽柳
和土壤盐度为状态基础。

模拟结束后统计不同情景设置下柽柳覆盖率随时间的演变规律，模
拟结果显示：

① 不同情景下，无论是否考虑柽柳-传粉者交互作用，柽柳种群系统
均表现出带有迟滞效应的非线性响应形式。以柽柳-传粉者交互作用下、
盐度转变梯度为 2g/kg、保护阈值为 0.001 为例（图 6-10，书后另见彩
图），环境恶化情景中，柽柳种群在 42 个模拟时长后覆盖率突然从 100%
开始迅速下降，经历 70 个稳定时刻（模拟时间）后，系统中柽柳覆盖率
维持在 5% 左右，而在环境改善情景中，即使通过人工措施不断补充柽
柳，系统也需要在 29 个模拟时长后开始实现柽柳覆盖率波动上升，并在
46 个时长后才能实现全覆盖（覆盖率达到 100%）。相比之下，对于不考
虑柽柳-传粉者交互作用的柽柳种群系统，环境改善情景中系统需要 50 个
时间步长才能实现柽柳种群全覆盖。图 6-10 中，实线为环境恶化情景，
虚线为环境改善情景，绿线和绿色区域表示柽柳-传粉者交互作用（with
DDD），红线和红色区域表示不考虑柽柳-传粉者交互作用（without

DDD)，此处以保护阈值 0.001、0.10、0.40、0.80 和 1.00 为例。

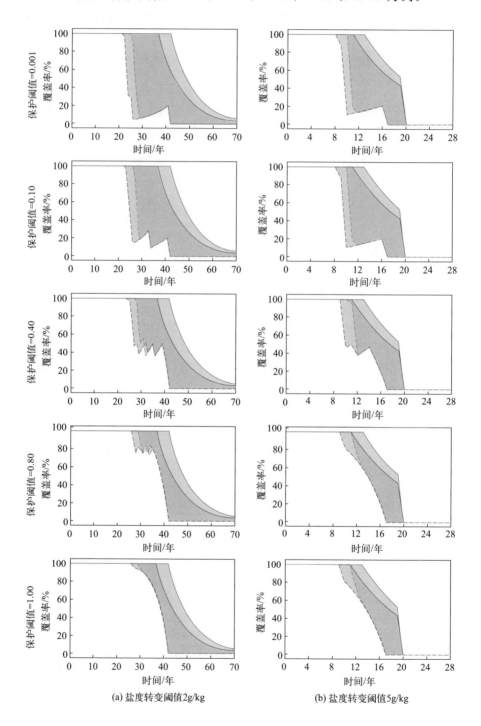

(a) 盐度转变阈值2g/kg　　　　　　　(b) 盐度转变阈值5g/kg

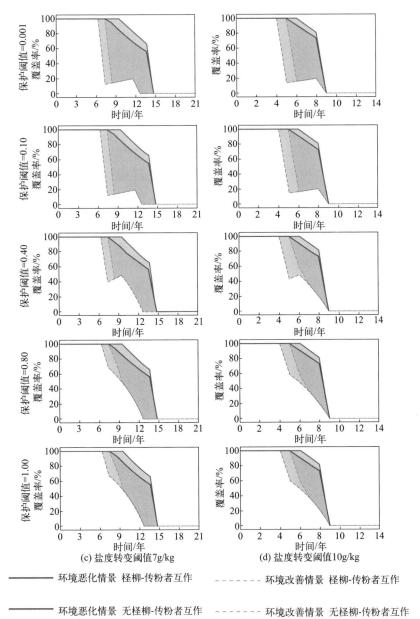

图 6-10 变化环境中不同保护阈值下柽柳种群覆盖率变化规律

② 环境恶化情景下，柽柳-传粉者交互作用提高了胁迫环境下柽柳种群抵抗力和持续性。以土壤盐度转变梯度为 2g/kg 为例，无论保护阈值是多少，对于不考虑柽柳-传粉者交互作用的情景，在 53 个模拟时长以后柽柳覆盖率低于 2%，70 个模拟时长后柽柳覆盖率仅为 3% 左右，而柽

柳-传粉者交互作用下，59个模拟时长后柽柳覆盖率才低于2%，且70个模拟时长以后柽柳覆盖率仍达到5%以上。

③ 环境改善情景下，传粉者密度制约扩散策略下柽柳-传粉者交互作用缩短了种群恢复时间，提高了柽柳种群恢复效率。以土壤盐度转变梯度为2g/kg、保护阈值为0.001为例，柽柳-传粉者交互作用下，柽柳种群需要46个模拟时长才能够实现全覆盖（100%），而不考虑柽柳-传粉者交互作用时则需要50个模拟时长。

④ 传粉者密度制约扩散策略下柽柳-传粉者交互作用降低了柽柳种群恢复成本。仍以土壤盐度转变梯度为2g/kg为例，如果需要在44个模拟时长后柽柳覆盖率达到40%以上，那么考虑柽柳-传粉者交互作用时需设置保护阈值为0.001，而不考虑柽柳-传粉者交互作用时则需将保护阈值提高至0.4以上。

综合上述结果说明，传粉者密度制约扩散策略下柽柳定植早期繁殖力的提高，缩短了柽柳种群系统恢复效率，降低了种群修复成本。不过这种繁殖优势可以通过柽柳恢复过程中人工移栽措施抵消（图6-11，书后另见彩图）。模拟结果表明，环境变化越剧烈、柽柳种群保护阈值越小，两种繁殖情景下柽柳覆盖率差距越大，随着保护阈值的提高，柽柳-传粉者交互作用带来的繁殖优势逐渐被人工移栽措施所抵消，两种繁殖情景下的差距逐渐弥合。

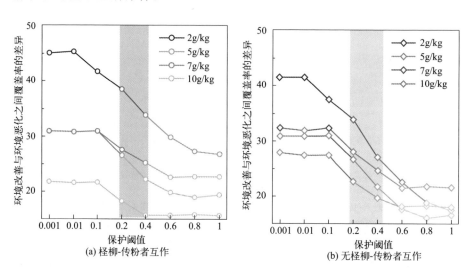

图 6-11 不同保护阈值下环境改善情景与环境恶化情景间柽柳种群覆盖率的差异

柽柳种群修复实践工作中，提高保护阈值意味着不断加大投入成本，因此，从柽柳种群修复与管理实践角度看，需要对修复效果与投入成本进行权衡。通过计算土壤盐度递增/递减情景中柽柳覆盖率随时间变化曲线之间闭合范围的面积，绘制不同保护阈值下柽柳种群覆盖率差异曲线（图 6-11），可以用于评估柽柳种群系统修复效果。结果显示，随着保护阈值的提高，柽柳覆盖率差异逐渐缩小。对柽柳种群覆盖率差异曲线进行 logistics 回归分析，计算曲线变化速率最大时所对应的保护阈值，将其作为柽柳种群修复实践中最优保护阈值。结果表明，环境改善情景下，土壤盐度下降程度越高，即控盐降盐措施越强烈，柽柳种群所需保护阈值越低（表 6-2）。以柽柳-传粉者交互作用情景为例，土壤盐度转变梯度为 2g/kg、5g/kg、7g/kg 和 10g/kg 时，柽柳种群最优保护阈值分别为 0.46、0.27、0.25 和 0.19。也就是说，在柽柳种群修复实践中采用人工移栽修复措施，配合控盐降盐措施，能够降低柽柳种群修复成本。总体来说，柽柳种群修复实践工作中，在修复早期保护阈值应维持在 0.2～0.4，柽柳种群系统方可在放松人为管理的前提下在不同环境变化情景中实现种群自然恢复和生长，并且考虑柽柳-传粉者交互作用能够在相同环境变化条件、相同投入成本下取得更有效、更良好的修复效果。

表 6-2 不同土壤盐度转变梯度下柽柳种群最优保护阈值

互作方式	2g/kg	5g/kg	7g/kg	10g/kg
柽柳-传粉者互作	0.46	0.27	0.25	0.19
无柽柳-传粉者互作	0.53	0.32	0.26	0.20

从不同情景下土壤盐度随时间变化规律中可以进一步解释上述结果（图 6-12，书后另见彩图）。模拟结果显示，在柽柳-土壤盐度反馈作用下，随着模拟时间的延长，柽柳对土壤盐胁迫的改善作用逐渐增强。仍以柽柳-传粉者交互作用下、盐度转变梯度为 2g/kg、保护阈值为 0.001 为例，尽管土壤盐胁迫逐渐增强，但是在柽柳-土壤反馈作用的累积效应下，每个时间步长下实际土壤盐度总低于没有植物-土壤盐度反馈作用时的理论值，并且，得益于传粉者密度制约扩散策略带来的低生物量时繁殖力优势，柽柳-传粉者交互作用下柽柳种群对土壤盐胁迫的缓解作用更强烈，也就是说柽柳-传粉者交互作用强化了柽柳-土壤盐度之间的反馈作用。而在环境改善情景中，尽管提供了人工移栽措施以抵消高盐胁迫下柽柳高死亡率，但是实际上直到 42 个模拟时长以后，柽柳-土壤反馈作用对土壤盐度的缓解作用

才开始起效。提高保护阈值，能够缩短降盐作用的起效时间。但是随着环境变化越来越剧烈，柽柳对土壤高盐胁迫的缓解能力依然逐渐减弱。

值得注意的是，本研究结果是基于环境因素-柽柳反馈过程和柽柳-传粉者交互过程，在环境恶化情景、不同盐度转变梯度和保护阈值下模拟得到的理论值。不同盐度转变梯度下柽柳种群保护阈值并不相同，整体来说，盐度转变梯度越小，保护阈值越高，即在柽柳种群修复实践中，结合控盐、降盐措施有助于降低柽柳保护阈值，反之亦然。另外，本研究中提出的推

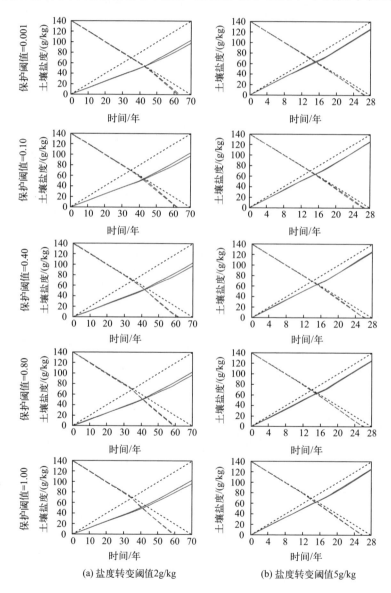

(a) 盐度转变阈值2g/kg   (b) 盐度转变阈值5g/kg

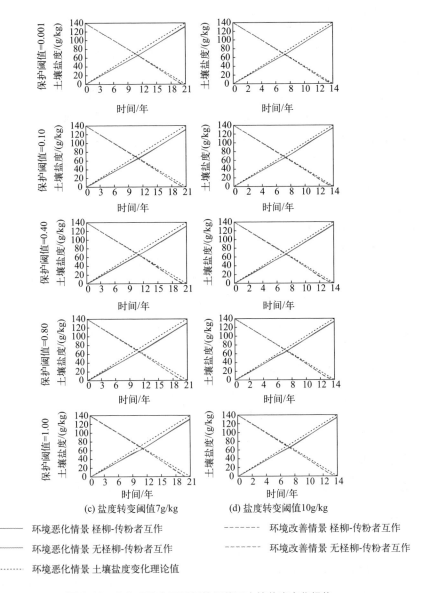

——— 环境恶化情景 柽柳-传粉者互作   - - - - 环境改善情景 柽柳-传粉者互作

——— 环境恶化情景 无柽柳-传粉者互作   - - - - 环境改善情景 无柽柳-传粉者互作

·········· 环境恶化情景 土壤盐度变化理论值

图 6-12　变化环境中不同保护阈值下土壤盐度变化规律

(此处以保护阈值 0.001、0.10、0.40、0.80 和 1.00 为例)

荐保护阈值的空间尺度一方面与环境因素-柽柳反馈过程最大尺度有关，另一方面还涉及柽柳-传粉者交互关系发生的尺度，即传粉者发生有效觅食响应和移动扩散行为的最大尺度。

① 关于环境因素-柽柳反馈作用最大发生尺度：可以通过黄河三角洲柽柳种群斑块空间格局指数估算得到。根据本书 2.2.2 部分研究结果，

斑块水平上，柽柳种群在 2～4km 尺度上呈聚集分布，在＞4km 尺度上呈随机分布，因此在黄河三角洲地区环境因素-柽柳之间发生反馈作用的最大距离尺度为 4km。

② 关于柽柳-传粉者交互作用最大发生尺度：已有研究表明，传粉者（以蜜蜂为例）往往以蜂巢为中心在蜂巢附近觅食（如离巢 3～4km），尽管在花朵资源匮乏季节，蜜蜂可以离巢最远 10km 以上觅食（Couvillon 等，2014），但此时对于传粉者来说，远距离觅食和移动扩散带来的较高能量支出和潜在死亡风险，将极大降低传粉者净能量收益（详见 4.2.3 部分和 5.2.1 部分）（Olsson 等，2015）。因此，我们认为在黄河三角洲地区，柽柳-传粉者之间发生反馈作用的最大尺度为 3～4km。

综合来说，本研究中柽柳种群推荐保护阈值的空间尺度为 3～4km，即在 3～4km 空间尺度上、在柽柳种群修复早期确保柽柳种群覆盖率达到 20％～40％以上，有助于实现柽柳种群稳定和可持续生长与发展。

上述结果表明，柽柳-传粉者交互作用提高了柽柳种群系统恢复效率及其在高盐环境中的覆盖率，并且在环境变化越剧烈、柽柳种群保护阈值越小的条件下，柽柳-传粉者交互作用带来的恢复优势越显著。在柽柳种群恢复与管理工作中，提高柽柳保护阈值，配合控盐降盐措施，可以提高柽柳种群修复效率，缩短柽柳种群系统恢复时间，降低修复成本。权衡修复效果与保护阈值，本研究认为在柽柳种群修复中，在 3～4km 空间尺度上柽柳种群保护阈值应维持在 0.2～0.4，即在柽柳修复早期，须确保柽柳覆盖率维持在 20％～40％，之后才能放松管理强度，实现柽柳种群自然生长。

小结

综上，本章依托第 5 章中柽柳种群空间分布格局模型，采用分岔分析的方法模拟了外界扰动下柽柳种群系统弹性，确定了外界扰动下的系统稳态崩溃和恢复的临界阈值。进一步基于考虑植物种间关系的盐沼植被空间演替模型，分析了柽柳-传粉者交互作用对盐沼植被系统弹性和稳态阈值区间的影响。

分岔分析结果表明，柽柳种群对土壤盐度胁迫表现出非线性响应特征，系统存在突变分岔点，柽柳-传粉者交互作用下系统在 66～82g/kg 盐度范围内存在双稳态，即植物覆盖状态和裸地状态，而不考虑柽柳-传粉者交互作用的系统双稳态区间扩大为 56～82g/kg。对于芦苇、柽柳和翅碱蓬组成的盐沼植被系统来说，尽管群落尺度上柽柳-传粉者交互作用没有改变系统弹性，两种系统（考虑/不考虑柽柳-传粉者交互作用）存在双稳态的盐度区间均为84～100g/kg，但是在种群尺度上，柽柳-传粉者交互作用显著改变了群落内部三种植物种群子系统的稳态阈值区间。在土壤盐度递增方向上，使得芦苇种群系统的崩溃点发生左移，而翅碱蓬种群系统则只能在更高盐度区内生长为优势种。其中，土壤盐度 $S = 10 \sim 12 \text{g/kg}$ 和 $34 \sim 44 \text{g/kg}$ 两个土壤盐度带是柽柳-传粉者交互作用影响的关键区域，在这两个盐度带内，柽柳-传粉者交互作用促使盐沼植被系统由芦苇-柽柳交错状态和柽柳-翅碱蓬交错状态向柽柳覆盖状态偏移。这是由于柽柳-传粉者交互作用提高了柽柳定植早期繁殖力，增强了柽柳对胁迫环境的适应性和种间互作过程中在争夺生长位点时的相对竞争优势。对于研究目标植物柽柳来说，不论是在单物种的柽柳种群系统中，还是在多物种互作的盐沼植被系统中，柽柳-传粉者交互作用提高了种群尺度上柽柳种群系统的弹性和失稳后系统的恢复力。

通过不同程度生境破碎化情景模拟，本研究发现生境破碎化降低了柽柳种群系统弹性，特别是系统崩溃后恢复能力降低。尽管如此，与不考虑柽柳-传粉者交互作用的柽柳种群系统相比，柽柳-传粉者交互作用仍在一定程度上提高了柽柳种群系统在破碎化生境中的弹性，并且破碎化程度越高，传粉作用对于维持柽柳种群系统稳定、提高系统弹性起到的作用越重要。

对变化环境中不同保护阈值下柽柳种群动态变化规律的情景模拟结果显示，不同环境变化梯度和柽柳保护阈值下，柽柳-传粉者交互作用有助于维持环境恶化情景中柽柳种群抵抗力和持续性，提高环境改善情景中柽柳种群系统恢复效率，并降低了修复成本。这是由于，柽柳-传粉者交互作用过程中，传粉者密度制约扩散策略引起的柽柳定植早期繁殖力提高，强化了柽柳-土壤盐度之间的反馈作用，提高了柽柳种群修复效率，缩短了柽柳种群系统恢复时间。而在不考虑柽柳-传粉者交互作用时，柽柳种群恢复与管理工作则需要更高的修复成本。通过权衡柽柳种群保护阈值（投入成本）和修复效率，本研究认为在柽柳种群修复早期，在 $3 \sim 4 \text{km}$ 空间尺度上柽柳种群保护阈值应维持在 $0.2 \sim 0.4$，柽柳种群系统才可以在撤除人工移栽措施后仍实现自然生长，维持种群稳定性和持续性。

第 7 章

柽柳种群的格局演变机制与保护阈值

本书以黄河三角洲柽柳种群为研究对象，综合运用遥感影像解译、无人机机载激光雷达系统航测、野外监测试验、室内分析试验、模型模拟等多种研究手段，揭示了环境因素-柽柳反馈作用机制和柽柳-传粉者交互作用机制，分析了传粉者移动扩散行为对柽柳种子产生过程、柽柳种群空间分布、植被种间互作关系及系统稳定性的影响，量化了不同程度生境破碎化影响下柽柳种群系统弹性阈值范围，提出了黄河三角洲地区柽柳种群恢复管理中的种群保护阈值。主要结论如下：

第一，1990～2020 年间黄河三角洲地区柽柳种群呈不断退化趋势，表现在柽柳种群分布面积逐渐减少（10.80km²/a）、柽柳种群破碎化程度逐渐增大、种群聚集分布范围日趋紧缩。特别是在 2005 年以后，黄河故道和一千二管理站附近盐田和养殖池建设、东营港附近港口建设和筑堤修路、五号桩附近养殖池修建、孤东油田开发、黄河南地区堤坝修筑，这些人类经济活动一方面不断侵占原有柽柳种群适宜生境，致使柽柳种群斑块化、破碎化；另一方面打破了盐沼湿地原有水盐平衡，水文连通受阻，导致土壤盐渍化逐渐加剧。

土壤环境特征和种子扩散能力是柽柳种群空间异质性分布的主要驱动力。影响黄河三角洲柽柳种群分布格局的主要环境因素为土壤盐度和含水量，生物因素为柽柳种子扩散作用和种内个体之间互作关系。具体来说，柽柳多度与土壤盐度呈负相关，与土壤含水量呈正相关。受种内促进作用和种子随风扩散影响，柽柳种群在 2～6m 尺度上呈聚集分布，而在＞10m 尺度上呈随机分布，主要是由于柽柳种内竞争。受种子随水扩散作用的影响，柽柳种群在 0～125m 尺度上仍具有显著的正空间自相关性。这种小尺度聚集分布的空间格局提高了柽柳种群对环境胁迫的适应性，从而减少了环境胁迫因素对柽柳种群生长和繁殖的负面影响。

柽柳-传粉者之间发生交互作用的物质基础是柽柳花朵挥发物，脂肪酸衍生物、萜类化合物和芳香族化合物是吸引传粉者访花的主要物质。小尺度上柽柳聚集分布通过反馈土壤水分和盐分，在种群尺度上形成促进效应，即柽柳种群密度的增加改善了土壤条件（降低土壤盐度、增加土壤含水量），有利于增加柽柳花序数量、延长花序长度，进而提高了花朵挥发物释放量，特别是脂肪酸衍生物和萜类化合物的释放，并且这种促进效应在中等植物密度（3～6 株/m²）时达到最佳水平。在柽柳种群密度增加形成的促进作用影响下，传粉者对柽柳密度表现出饱和型功能响应关系。高密度下枝叶异速生长加剧引起的柽柳叶面积、叶片数量、净光合速率和蒸腾速率下降，是造成高柽柳密度下土壤盐度增加、花序数量减少、花朵挥发物释放量下降的主要原因，进而导致传粉者访问率和随后柽柳产种量的下降。因此，对柽柳种群修复实践来说，建议柽柳种群聚集间距不超过6m，定植密度为3~6株/m²，充分发挥生态修复中的种内促进效应，有助于维持柽柳-传粉者互惠共生关系的稳定性，促进柽柳种群繁殖。

第二，整合柽柳花朵挥发物扩散过程、传粉者对花朵挥发物的觅食响应过程及传粉者密度制约扩散过程，构建了花朵挥发物介导的、密度制约的传粉者移动扩散模型，模拟了传粉者空间分布格局。模拟结果显示，传粉者觅食成功率与释放源强和大气条件影响下的花朵挥发物羽流浓度，以及传粉者对挥发物羽流的探测阈值有关。对比不同移动扩散策略（密度制约扩散策略和密度无关扩散策略）下传粉者空间分布格局，发现密度制约扩散策略提高了传粉者对低密度、远距离柽柳斑块的利用率（分别高出43.42%和6.79%），进而提高了这些次优斑块中柽柳的繁殖力。

基于花朵挥发物介导的、密度制约的传粉者移动扩散模型，对不同程度生境破碎化影响下柽柳种群繁殖力空间分布格局进行模拟，结果显示柽柳种群繁殖力对生境破碎化和丧失的响应存在尺度差异。景观尺度上，柽柳种群繁殖力受到有效传粉者数量（即花朵挥发物介导的传粉者觅食成功率）的直接影响。柽柳花朵挥发物扩散模拟结果显示，释放源强和大气条件是影响花朵挥发物扩散范围和浓度的主要因素。生境破碎化背景下，植被覆盖率的减少降低了花朵挥发物释放源强，同时提高了尾流风速，降低了花朵挥发物的扩散范围和浓度，进而降低了传粉者觅食效率和觅食成功率。随着生境破碎化程度的加剧，传粉者觅食成功率呈logistics型下降，模拟结果显示在非生境比例（non-habitat percentage，NHP）达到0.6时，传粉者觅食成功率下降速度最快，进而影响景观尺度上传粉者有效访花数量和柽柳种群繁殖成功率。

而在斑块尺度上，生境破碎化和丧失对柽柳种群繁殖力的负面影响与传粉者种内互作调节下的移动扩散策略有关。与密度无关扩散策略相比，密度制约扩散策略提高了传粉者对低密度、远距离植物斑块的访问率，避免了传粉者在高密度、近距离植物斑块中过度聚集，受这种密度制约扩散行为的影响，低密度和远距离斑块中的柽柳繁殖力得以提高。在生境破碎化和丧失不断加剧的背景下，密度制约扩散行为介导的传粉者适应性利用策略缓解了生境破碎化和丧失对柽柳种群繁殖力的负面影响，有助于维持破碎化景观中柽柳种群的持续性。

基于密度制约效应下传粉者移动扩散过程，耦合环境因素-柽柳反馈过程、柽柳种子扩散和个体生长过程，构建了柽柳种群空间格局模型。模拟结果显示，与不考虑柽柳-传粉者交互作用的柽柳种群空间格局相比，传粉者密度制约扩散策略提高了低生物量阶段或定植早期时柽柳种群繁殖力，增强柽柳对胁迫环境的适应性。进一步考虑黄河三角洲地区典型盐沼植物（芦苇、柽柳和翅碱蓬）的种间互作（促进/竞争）关系，构建了黄河三角洲盐沼植被空间格局模型。模拟结果显示，传粉者密度制约扩散策略使柽柳种群早期繁殖力提高，增强了柽柳在争夺生长位点中的竞争优势，提高了盐胁迫环境中柽柳适应性和分布范围（分布面积增加40.44%），进而影响芦苇和翅碱蓬种群空间分布（分布面积分别减少27.45%和26.41%）。

第三，依托柽柳种群空间格局模型和盐沼植被空间格局模型，采用分岔分析方法分析了外界扰动下柽柳种群和盐沼植被系统弹性变化规律。结果显示，柽柳种群对土壤盐胁迫表现出非线性响应特征，系统在一定盐度范围内存在柽柳覆盖状态和裸地状态的双稳态特征，随着土壤盐度的增加，柽柳-传粉者交互作用下柽柳种群系统在 $S=82\mathrm{g/kg}$ 时由柽柳覆盖状态突变为裸地状态，随着土壤盐度的不断减小，系统在 $S=66\mathrm{g/kg}$ 时可再次恢复为柽柳覆盖状态。而在不考虑柽柳-传粉者交互作用时，系统双稳态的阈值区间扩大为 $56\sim82\mathrm{g/kg}$。

对于整个盐沼植被系统来说，尽管群落尺度上柽柳-传粉者交互作用没有改变盐沼植被系统的稳态区间（均为 $84\sim100\mathrm{g/kg}$），但是在种群尺度上，柽柳-传粉者交互作用显著改变了群落内部3种植物种群系统的弹性和系统状态。其中，$S=10\sim12\mathrm{g/kg}$ 和 $S=34\sim44\mathrm{g/kg}$ 两个土壤盐度带是柽柳-传粉者交互作用影响的关键区域，在此盐度带上，盐沼植被系统由芦苇-柽柳交错状态和柽柳-翅碱蓬交错状态向柽柳覆盖状态发生偏移。对目标植物柽柳种群系统来说，传粉者密度制约扩散影响下，柽柳-传粉者交互作用提高了柽柳定植早期种群繁殖力和种间互作中的竞争优势，在种群尺度上增强了变化环境下柽柳种群系统弹性和失稳后系统的恢复力。

不同程度生境破碎化情景模拟结果显示，无论是否考虑柽柳-传粉者交互作用，生境破碎化始终降低了柽柳种群系统的弹性，特别是系统崩溃后恢复能力降低。生境破碎化程度越高，柽柳种群系统的弹性越低，系统恢复所需的土壤盐度越低。但与不考虑柽柳-传粉者交互作用相比，柽柳-传粉者交互作用仍在一定程度上提高了柽柳种群系统在破碎化生境中的弹性和恢复力，降低了系统恢复阈值（降低 8.57%～14.71%），说明柽柳-传粉者交互作用有助于维持破碎化生境中柽柳种群系统的稳定性和弹性。

不同保护阈值下柽柳种群动态变化的情景模拟结果显示，与不考虑柽柳-传粉者交互作用相比，柽柳-传粉者交互作用强化了环境因素-柽柳反馈作用，提高了柽柳种群系统恢复效率和高盐环境中的柽柳覆盖率，降低了柽柳种群修复成本（即保护阈值）。尽管提高柽柳保护阈值可以提高柽柳种群修复效率，缩短柽柳种群系统恢复时间，但同时意味着柽柳种群修复工作需要更高的投入成本。对保护阈值（投入成本）和修复效率的权衡结果显示，柽柳种群修复早期，在 3～4km 空间尺度上柽柳种群保护阈值应维持在 0.2～0.4，即保证柽柳种群覆盖率达到 20%～40%，柽柳种群系统方可在撤去人工修复措施后实现自然生长，维持柽柳种群系统的稳定性和持续性。

参考文献

[1] Aizen M A, Morales C L, Vázquez D P, et al. When mutualism goes bad: Density-dependent impacts of introduced bees on plant reproduction. New Phytologist, 2014, 204 (2): 322-328.

[2] Alados C L, Pueyo Y, Giner M L, et al. Quantitative characterization of the regressive ecological succession by fractal analysis of plant spatial patterns. Ecological Modelling, 2003, 163 (1): 1-17.

[3] Altieri A H, Bertness M D, Coverdale T C, et al. Feedbacks underlie the resilience of salt marshes and rapid reversal of consumer-driven die-off. Ecology, 2013, 94 (7): 1647-1657.

[4] Altwegg R, Collingham Y C, Erni B, et al. Density-dependent dispersal and the speed of range expansions. Diversity and Distributions, 2013, 19 (1): 60-68.

[5] Anderson K E, Nisbet R M, Diehl S. Spatial scaling of consumer-resource interactions in advection-dominated systems. The American Naturalist, 2006, 168 (3): 358-372.

[6] Badenhausser I, Gouat M, Goarant A, et al. Spatial autocorrelation in farmland grasshopper assemblages (Orthoptera: Acrididae) in western France. Environmental Entomology, 2012, 41 (5): 1050-1061.

[7] Balvanera P, Kremen C, Martínez-Ramos M. Applying community structure analysis to ecosystem function: Examples from pollination and carbon storage. Ecological Applications, 2005, 15 (1): 360-375.

[8] Baveco J M, Focks A, Belgers D, et al. An energetics-based honeybee nectar-foraging model used to assess the potential for landscape-level pesticide exposure dilution. PeerJ, 2016, 4 (4): e2293.

[9] Beale C M, Lennon J J, Yearsley J M, et al. Regression analysis of spatial data. Ecology Letters, 2010, 13 (2): 246-264.

[10] Benadi G, Gegear R J. Adaptive foraging of pollinators can promote pollination of a rare plant species. The American Naturalist, 2018, 192 (2): E81-E92.

[11] Betini G S, Avgar T, McCann K S, et al. Daphnia inhibits the emergence of spatial pattern in a simple consumer-resource system. Ecology, 2017, 98 (4): 1163-1170.

[12] Blois J L, Zarnetske P L, Fitzpatrick M C, et al. Climate change and the past, present, and future of biotic interactions. Science, 2013, 341 (6145): 499-504.

[13] Bocedi G, Zurell D, Reineking B, et al. Mechanistic modelling of animal dispersal offers new insights into range expansion dynamics across fragmented landscapes. Ecography, 2014, 37 (12): 1240-1253.

[14] Brooker R W, Maestre F T, Callaway R M, et al. Facilitation in plant communities: The past, the present, and the future. Journal of Ecology, 2008, 96 (1): 18-34.

[15] Brunet Y. Turbulent flow in plant canopies: Historical perspective and overview. Boundary-Layer Meteorology, 2020, 177 (2-3): 315-364.

[16] Burkle L A, Runyon J B. Drought and leaf herbivory influence floral volatiles and pollinator attraction. Global Change Biology, 2016, 22 (4): 1644-1654.

[17] Burkle L A, Runyon J B. The smell of environmental change: Using floral scent to explain shifts in pollinator attraction. Applications in Plant Sciences, 2017, 5 (6): 1600123.

[18] Callaway R M. Positive interactions in plant communities and the individualistic-continuum concept. Oecologia, 1997a, 112 (2): 143-149.

[19] Callaway R W, Walker L R. Competition and facilitation: A synthetic approach to interactions in plant communities. Ecology, 1997b, 78 (10): 1958-1965.

[20] Cameron S A, Sadd B M. Global trends in bumble bee health. Annual Review of Entomology, 2020, 65: 209-232.

[21] Cao Q, Yang B, Li J, et al. Characteristics of soil water and salt associated with *Tamarix ramosissima* communities during normal and dry periods in a semi-arid saline environment. Catena, 2020, 193: 104661.

[22] Carr J A, D'Odorico P, McGlathery K J, et al. Spatially explicit feedbacks between seagrass meadow structure, sediment and light: Habitat suitability for seagrass growth. Advances in Water Resources, 2016, 93: 315-325.

[23] Cervantes-Loreto A, Ayers C A, Dobbs E K, et al. The context dependency of pollinator interference: How environmental conditions and co-foraging species impact floral visitation. Ecology Letters, 2021, 24 (7): 1443-1454.

[24] Cheng H, Zhang K, Liu C, et al. Wind tunnel study of airflow recovery on the lee side of single plants. Agricultural and Forest Meteorology, 2018, 263: 362-372.

[25] Cochard H, Martin R, Gross P, et al. Temperature effects on hydraulic conductance and water relations of *Quercus robur* L. Journal of Experimental Botany, 2000, 51 (348): 1255-1259.

[26] Costa C S B, Marangoni J C, Azevedo A M G. Plant zonation in irregularly flooded salt marshes: Relative importance of stress tolerance and biological interactions. Journal of Ecology, 2003, 91 (6): 951-965.

[27] Costanza R, de Groot R, Sutton P, et al. Changes in the global value of ecosystem services. Global Environmental Change, 2014, 26: 152-158.

[28] Couvillon M J, Schürch R, Ratnieks F L W. Dancing bees communicate a foraging preference for rural lands in high-level agri-environment schemes. Current Biology, 2014, 24 (11): 1212-1215.

[29] Coverdale T C, Altieri A H, Bertness M D. Belowground herbivory increases vulnerability of New England salt marshes to die-off. Ecology, 2012, 93 (9): 2085-2094.

[30] Crain C M. Interactions between marsh plant species vary in direction and strength depending on environmental and consumer context. Journal of Ecology, 2008, 96 (1): 166-173.

[31] Crain C M, Silliman B R, Bertness S L, et al. Physical and biotic drivers of plant distribution across estuarine salinity gradients. Ecology, 2004, 85 (9): 2539-2549.

[32] Cronin J T, Fonseka N, Goddard J Ⅱ, et al. Modeling the effects of density dependent emigration, weak Allee effects, and matrix hostility on patch-level population persistence. Mathematical Biosciences and Engineering, 2020, 17 (2): 1718-1742.

[33] Dakos V, van Nes E H, Donangelo R, et al. Spatial correlation as leading indicator of catastrophic shifts. Theoretical Ecology, 2009, 3 (3): 163-174.

[34] Daly K C, Carrell L A, Mwilaria E. Detection versus perception: Physiological and behavioral analysis of olfactory sensitivity in the moth (*Manduca sexta*). Behavioral Neuroscience, 2007, 121 (4): 794-807.

[35] Damgaard C, Weiner J. Modeling the growth of individuals in crowded plant populations. Journal

of Plant Ecology, 2008, 1 (2): 111-116.

[36] Davis H G, Taylor C M, Lambrinos J G, et al. Pollen limitation causes an Allee effect in a wind-pollinated invasive grass (*Spartina alterniflora*). Proceedings of the National Academy of Sciences of the United States of America, 2004, 101 (38): 13804-13807.

[37] de Waal C, Anderson B, Ellis A G, et al. Relative density and dispersion pattern of two southern African Asteraceae affect fecundity through heterospecific interference and mate availability, not pollinator visitation rate. Journal of Ecology, 2015, 103 (2): 513-525.

[38] Di Tomaso J M. Impact, biology, and ecology of saltcedar (*Tamarix* spp.) in the Southwestern United States. Weed Technology, 1998, 12 (2): 326-336.

[39] Dudareva N, Negre F, Nagegowda D A, et al. Plant volatiles: Recent advances and future perspectives. Critical Reviews in Plant Sciences, 2006, 25 (5): 417-440.

[40] Duncan D H, Nicotra A B, Wood J T, et al. Plant isolation reduces outcross pollen receipt in a partially self-compatible herb. Journal of Ecology, 2004, 92 (6): 977-985.

[41] Elliott M, Whitfield A K. Challenging paradigms in estuarine ecology and management. Estuarine, Coastal and Shelf Science, 2011, 94 (4): 306-314.

[42] Ewanchuk P J, Bertness M D. Structure and organization of a northern New England salt marsh plant community. Journal of Ecology, 2004, 92 (1): 72-85.

[43] Feldman T S. Pollinator aggregative and functional responses to flower density: Does pollinator response to patches of plants accelerate at low-densities? Oikos, 2006, 115 (1): 128-140.

[44] Feldman T S, Morris W F, Wilson W G. When can two plant species facilitate each other's pollination? Oikos, 2004, 105 (1): 197-207.

[45] Feng Y, Sun T, Zhu M S, et al. Salt marsh vegetation distribution patterns along groundwater table and salinity gradients in yellow river estuary under the influence of land reclamation. Ecological Indicators, 2018, 92: 82-90.

[46] Ferreira P A, Boscolo D, Viana B F. What do we know about the effects of landscape changes on plant-pollinator interaction networks? Ecological Indicators, 2013, 31: 35-40.

[47] Fishman M A, Hadany L. Plant-pollinator population dynamics. Theoretical Population Biology, 2010, 78 (4): 270-277.

[48] Folmer E O, van der Geest M, Jansen E, et al. Seagrass-sediment feedback: An exploration using a non-recursive structural equation model. Ecosystems, 2012, 15 (8): 1380-1393.

[49] Fritz B K, Shaw B W, Parnell Jr C B. Influence of meteorological time frame and variation on horizontal dispersion coefficients in Gaussian dispersion modeling. Transactions of the ASABE, 2005, 48 (3): 1185-1196.

[50] Fronhofer E A, Kropf T, Altermatt F. Density-dependent movement and the consequences of the Allee effect in the model organism *Tetrahymena*. Journal of Animal Ecology, 2015, 84 (3): 712-722.

[51] Fronhofer E A, Legrand D, Altermatt F, et al. Bottom-up and top-down control of dispersal across major organismal groups. Nature Ecology and Evolution, 2018, 2 (12): 1859-1863.

[52] Fuentes J D, Chamecki M, Roulston Ta, et al. Air pollutants degrade floral scents and increase insect foraging times. Atmospheric Environment, 2016, 141: 361-374.

[53] Gallagher M K, Campbell D R. Shifts in water availability mediate plant-pollinator interac-

tions. New Phytologist, 2017, 215 (2): 792-802.

[54] Geib J C, Strange J P, Galenj C. Bumble bee nest abundance, foraging distance, and host-plant reproduction: Implications for management and conservation. Ecological Applications, 2015, 25 (3): 768-778.

[55] Ghazoul J. Pollen and seed dispersal among dispersed plants. Biological Reviews, 2005, 80 (3): 413-443.

[56] Gifford F A. Diffusion in the diabatic surface layer. Journal of Geophysical Research, 1962, 67 (8): 3207-3212.

[57] Givnish T J. Ecological constraints on the evolution of plasticity in plants. Evolutionary Ecology, 2002, 16 (3): 213-242.

[58] Golding Y C, Sullivan M S, Sutherland J P. Visits to manipulated flowers by *Episyrphus balteatus* (Diptera: Syrphidae): Partitioning the signals of petals and anthers. Journal of Insect Behavior, 1999, 12 (1): 39-45.

[59] Graff P, Aguiar M R, Chaneton E J. Shifts in positive and negative plant interactions along a grazing intensity gradient. Ecology, 2007, 88 (1): 188-199.

[60] Grindeland J M, Sletvold N, Ims R A. Effects of floral display size and plant density on pollinator visitation rate in a natural population of *Digitalis purpurea*. Functional Ecology, 2005, 19 (3): 383-390.

[61] Groom M J. Allee effects limit population viability of an annual plant. The American Naturalist, 1998, 151 (6): 487-496.

[62] Guttal V, Jayaprakash C. Spatial variance and spatial skewness: Leading indicators of regime shifts in spatial ecological systems. Theoretical Ecology, 2008, 2 (1): 3-12.

[63] Haddad N. Corridor length and patch colonization by a butterfly, *Junonia coenia*. Conservation Biology, 2000, 14 (3): 738-745.

[64] Haddad N M, Bowne D R. Corridor use by diverse taxa. Ecology, 2003, 84 (3): 609-615.

[65] Hadley A S, Betts M G. The effects of landscape fragmentation on pollination dynamics: Absence of evidence not evidence of absence. Biological Reviews of the Cambridge Philosophical Society, 2012, 87 (3): 526-544.

[66] Harman R R, Goddard J I, Shivaji R, et al. Frequency of occurrence and population-dynamic consequences of different forms of density-dependent emigration. The American Naturalist, 2020, 195 (5): 851-867.

[67] He Q, Altieri A H, Cui B. Herbivory drives zonation of stress-tolerant marsh plants. Ecology, 2015, 96 (5): 1318-1328.

[68] He Q, Silliman B R, van de Koppel J, et al. Weather fluctuations affect the impact of consumers on vegetation recovery following a catastrophic die-off. Ecology, 2019, 100 (1): e02559.

[69] Herbert E R, Boon P, Burgin A J, et al. A global perspective on wetland salinization: Ecological consequences of a growing threat to freshwater wetlands. Ecosphere, 2015, 6 (10): 206.

[70] Holdredge C, Bertness M D, Altieri A H. Role of crab herbivory in die-off of New England salt marshes. Conservation Biology, 2009, 23 (3): 672-679.

[71] Holland J N, Deangelis D L. Interspecific population regulation and the stability of mutualism: Fruit abortion and density-dependent mortality of pollinating seed-eating insects. Oikos, 2006,

113 (3): 563-571.

[72] Holland J N, DeAngelis D L. A consumer-resource approach to the density-dependent population dynamics of mutualism. Ecology, 2010, 91 (5): 1286-1295.

[73] Holland J N, Deangelis D L, Bronstein J L. Population dynamics and mutualism: Functional responses of benefits and costs. The American Naturalist, 2002, 159 (3): 231-244.

[74] Huang J, Liu Z, Ruan S. Bifurcation and temporal periodic patterns in a plant-pollinator model with diffusion and time delay effects. Journal of Biological Dynamics, 2017, 11 (1): 138-159.

[75] Ida T Y, Kudo G. Modification of bumblebee behavior by floral color change and implications for pollen transfer in *Weigela middendorffiana*. Evolutionary Ecology, 2009, 24 (4): 671-684.

[76] Ivanov T, Dimitrova N. A predator-prey model with generic birth and death rates for the predator and Beddington-DeAngelis functional response. Mathematics and Computers in Simulation, 2017, 133: 111-123.

[77] Jamieson M A, Burkle L A, Manson J S, et al. Global change effects on plant-insect interactions: The role of phytochemistry. Current Opinion in Insect Science, 2017, 23: 70-80.

[78] Janssen A B G, de Jager V C L, Janse J H, et al. Spatial identification of critical nutrient loads of large shallow lakes: Implications for Lake Taihu (China). Water Research, 2017, 119: 276-287.

[79] Jauker F, Diekötter T, Schwarzbach F, et al. Pollinator dispersal in an agricultural matrix: Opposing responses of wild bees and hoverflies to landscape structure and distance from main habitat. Landscape Ecology, 2009, 24 (4): 547-555.

[80] Jiang J, DeAngelis D L, Anderson G H, et al. Analysis and simulation of propagule dispersal and salinity intrusion from storm surge on the movement of a marsh-mangrove ecotone in South Florida. Estuaries and Coasts, 2014, 37 (1): 24-35.

[81] Jiang J, DeAngelis D L, Smith T J, et al. Spatial pattern formation of coastal vegetation in response to external gradients and positive feedbacks affecting soil porewater salinity: A model study. Landscape Ecology, 2012a, 27 (1): 109-119.

[82] Jiang J, Gao D, DeAngelis D L. Towards a theory of ecotone resilience: Coastal vegetation on a salinity gradient. Theoretical Population Biology, 2012b, 82 (1): 29-37.

[83] Jiao L, Zhang Y, Sun T, et al. Spatial analysis as a tool for plant population conservation: A case study of *Tamarix chinensis* in the Yellow River Delta, China. Sustainability, 2021, 13 (15): 8291.

[84] Jones E I, Bronstein J L, Ferriere R. The fundamental role of competition in the ecology and evolution of mutualisms. Annals of the New York Academy of Sciences, 2012, 1256 (1): 66-88.

[85] Kanani-Sühring F, Raasch S. Enhanced scalar concentrations and fluxes in the lee of forest patches: A large-eddy simulation study. Boundary-Layer Meteorology, 2017, 164 (1): 1-17.

[86] Katul G G, Porporato A, Nathan R, et al. Mechanistic analytical models for long-distance seed dispersal by wind. The American Naturalist, 2005, 166 (3): 368-381.

[87] Kearns C A, Inouye D W, Waser N M. Endangered mutualism: The conservation of plant-pollinator interactions. Annual Review of Ecology and Systematics, 1998, 29: 83-112.

[88] Kelleway J J, Cavanaugh K, Rogers K, et al. Review of the ecosystem service implications of mangrove encroachment into salt marshes. Global Change Biology, 2017, 23 (10): 3967-3983.

[89] Kessler D, Gase K, Baldwin I T. Field experiments with transformed plants reveal the sense of floral scents. Science, 2008, 321 (5893): 1200-1202.

[90] Kim G, Park S, Kwak D. Is it possible to predict the concentration of natural volatile organic compounds in forest atmosphere? International journal of environmental research and public health, 2020, 17 (21): E7875.

[91] Knudsen J T, Eriksson R, Gershenzon J, et al. Diversity and distribution of floral scent. Botanical Review, 2006, 72 (1): 1-120.

[92] Koh I, Lonsdorf E V, Williams N M, et al. Modeling the status, trends, and impacts of wild bee abundance in the United States. Proceedings of the National Academy of Sciences of the United States of America, 2016, 113 (1): 140-145.

[93] Koksal N, Kafkas E, Sadighazadi S, et al. Floral fragrances of daffodil under salinity stress. Romanian Biotechnological Letters, 2015, 20: 10600-10610.

[94] Kun Á, Scheuring I. The evolution of density-dependent dispersal in a noisy spatial population model. Oikos, 2006, 115 (2): 308-320.

[95] Lafferty K D, DeLeo G, Briggs C J, et al. A general consumer-resource population model. Science, 2015, 349 (6250): 854-857.

[96] Lamont B B, Klinkhamer P G L, Witkowski E T F. Population fragmentation may reduce fertility to zero in *Banksia goodii*——A demonstration of the Allee effect. Oecologia, 1993, 94 (3): 446-450.

[97] Leal W S. Odorant reception in insects: Roles of receptors, binding proteins, and degrading enzymes. Annual Review of Entomology, 2013, 58: 373-391.

[98] Li H, Zhang J. Fast source term estimation using the PGA-NM hybrid method. Engineering Applications of Artificial Intelligence, 2017, 62: 68-79.

[99] Linander N, Hempel de Ibarra N, Laska M. Olfactory detectability of L-amino acids in the European honeybee (*Apis mellifera*). Chemical Senses, 2012, 37 (7): 631-638.

[100] Liu Q, Liu G, Huang C, et al. Soil physicochemical properties associated with quasi-circular vegetation patches in the Yellow River Delta, China. Geoderma, 2019, 337: 202-214.

[101] Liu X, Wang C, Su Q. Screening for salt tolerance in eight halophyte species from Yellow River Delta at the two initial growth stages. ISRN Agronomy, 2013, 2013: 1-8.

[102] Lonsdorf E, Kremen C, Ricketts T, et al. Modelling pollination services across agricultural landscapes. Annals of Botany, 2009, 103 (9): 1589-1600.

[103] Lu Q, Bai J, Zhang G, et al. Spatial and seasonal distribution of carbon, nitrogen, phosphorus, and sulfur and their ecological stoichiometry in wetland soils along a water and salt gradient in the Yellow River Delta, China. Physics and Chemistry of the Earth, 2018, 104: 9-17.

[104] Ma Y, Liu H. An advanced multiple - layer canopy model in the wrf model with large - eddy simulations to simulate canopy flows and scalar transport under different stability conditions. Journal of Advances in Modeling Earth Systems, 2019, 11 (7): 2330-2351.

[105] Mayaud J R, Webb N P. Vegetation in drylands: Effects on wind flow and aeolian sediment transport. Land, 2017a, 6 (3): 64.

[106] Mayaud J R, Wiggs G F S, Bailey R M. A field-based parameterization of wind flow recovery in the lee of dryland plants. Earth Surface Processes and Landforms, 2017b, 42 (2):

378-386.

[107] McCann K S. The diversity-stability debate. Nature, 2000, 405 (6783): 228-233.

[108] McCarthy M J, Colna K E, El-Mezayen M M, et al. Satellite remote sensing for coastal management: A review of successful applications. Environmental Management, 2017, 60 (2): 323-339.

[109] McCormick M K, Kettenring K M, Baron H M, et al. Spread of invasive *Phragmites australis* in estuaries with differing degrees of development: Genetic patterns, Allee effects and interpretation. Journal of Ecology, 2010, 98 (6): 1369-1378.

[110] McFrederick Q S, Fuentes J D, Roulston T A, et al. Effects of air pollution on biogenic volatiles and ecological interactions. Oecologia, 2009, 160 (3): 411-420.

[111] McFrederick Q S, Kathilankal J C, Fuentes J D. Air pollution modifies floral scent trails. Atmospheric Environment, 2008, 42 (10): 2336-2348.

[112] McGlathery K, Reidenbach M, D'Odorico P, et al. Nonlinear dynamics and alternative stable states in shallow coastal systems. Oceanography, 2013, 26 (3): 220-231.

[113] McPeek M A. Mechanisms influencing the coexistence of multiple consumers and multiple resources: Resource and apparent competition. Ecological Monographs, 2019, 89 (1): e01328.

[114] Minor E S, Tessel S M, Engelhardt K A M, et al. The role of landscape connectivity in assembling exotic plant communities: A network analysis. Ecology, 2009, 90 (7): 1802-1809.

[115] Moeller D A. Facilitative interactions among plants via shared pollinators. Ecology, 2004, 85 (12): 3289-3301.

[116] Moffett K, Nardin W, Silvestri S, et al. Multiple stable states and catastrophic shifts in coastal wetlands: Progress, challenges, and opportunities in validating theory using remote sensing and other methods. Remote Sensing, 2015, 7 (8): 10184-10226.

[117] Morse A, Kevan P, Shipp L, et al. The impact of greenhouse tomato (Solanales: Solanaceae) floral volatiles on bumble bee (Hymenoptera: Apidae) pollination. Environmental Entomology, 2012, 41 (4): 855-864.

[118] Nathan R, Muller-Landau H C. Spatial patterns of seed dispersal, their determinants and consequences for recruitment. Trends in Ecology & Evolution, 2000, 15 (7): 278-285.

[119] Navarro-Perez M L, Lopez J, Rodriguez-Riano T, et al. Confirmed mixed bird-insect pollination system of *Scrophularia trifoliata* L. , a Tyrrhenian species with corolla spots. Plant Biology, 2017, 19 (3): 460-468.

[120] Nolting B C, Hinkelman T M, Brassil C E, et al. Composite random search strategies based on non-directional sensory cues. Ecological Complexity, 2015, 22: 126-138.

[121] Olsson O, Bolin A. A model for habitat selection and species distribution derived from central place foraging theory. Oecologia, 2014, 175 (2): 537-548.

[122] Olsson O, Bolin A, Smith H G, et al. Modeling pollinating bee visitation rates in heterogeneous landscapes from foraging theory. Ecological Modelling, 2015, 316: 133-143.

[123] Olsson O, Brown J S, Helf K L. A guide to central place effects in foraging. Theoretical population biology, 2008, 74 (1): 22-33.

[124] Pan C C, Feng Q, Zhao H L, et al. Earlier flowering did not alter pollen limitation in an early flowering shrub under short-term experimental warming. Scientific Reports, 2017, 7 (1): 2795.

[125] Pearce C M, Smith D G. Saltcedar: Distribution, abundance, and dispersal mechanisms,

northern Montana, USA. Wetlands, 2003, 23 (2): 215-228.

[126] Pennings S C, Grant M-B, Bertness M D. Plant zonation in low-latitude salt marshes: Disentangling the roles of flooding, salinity and competition. Journal of Ecology, 2005, 93 (1): 159-167.

[127] Pichersky E, Gang D R. Genetics and biochemistry of secondary metabolites in plants: An evolutionary perspective. Trends in Plant Science, 2000, 5 (10): 439-445.

[128] Qi M, Sun T, Xue S, et al. Competitive ability, stress tolerance and plant interactions along stress gradients. Ecology 2018, 99 (4): 848-857.

[129] Qi M, Sun T, Zhan M, et al. Simulating dynamic vegetation changes in a tidal restriction area with relative stress tolerance curves. Wetlands, 2016, 36 (S1): 31-43.

[130] Qi M, Sun T, Zhang H, et al. Maintenance of salt barrens inhibited landward invasion of *Spartina* species in salt marshes. Ecosphere, 2017, 8 (10): e01982.

[131] Qi M, Zhao F, Sun T, et al. Disentangling the relative influence of regeneration processes on marsh plant assembly with a stage-structured plant assembly model. Ecological Modelling, 2021, 455: 109646.

[132] Radford J Q, Bennett A F, Cheers G J. Landscape-level thresholds of habitat cover for woodland-dependent birds. Biological Conservation, 2005, 124 (3): 317-337.

[133] Raguso R A. Start making scents: The challenge of integrating chemistry into pollination ecology. Entomologia Experimentalist Applicata, 2008, 128 (1): 196-207.

[134] Ramsey M, Vaughton G. Pollen quality limits seed set in *Burchardia umbellata* (Colchicaceae). American Journal of Botany, 2000, 87 (6): 845-852.

[135] Rands S A, Whitney H M. Effects of pollinator density-dependent preferences on field margin visitations in the midst of agricultural monocultures: A modelling approach. Ecological Modelling, 2010, 221 (9): 1310-1316.

[136] Ravi S, Wang L, Kaseke K F, et al. Ecohydrological interactions within "fairy circles" in the Namib Desert: Revisiting the self-organization hypothesis. Journal of Geophysical Research: Biogeosciences, 2017, 122 (2): 405-414.

[137] Reijers V C, van den Akker M, Cruijsen P M J M, et al. Intraspecific facilitation explains the persistence of *Phragmites australis* in modified coastal wetlands. Ecosphere, 2019, 10 (8): e02842.

[138] Revilla T A. Numerical responses in resource-based mutualisms: A time scale approach. Journal of Theoretical Biology, 2015, 378: 39-46.

[139] Revilla T A, Krivan V. Pollinator foraging adaptation and coexistence of competing plants. PLoS One, 2016, 11 (8): e0160076.

[140] Revilla T A, Křivan V. Competition, trait-mediated facilitation, and the structure of plant-pollinator communities. Journal of Theoretical Biology, 2018, 440 (1): 42-57.

[141] Revilla T A, Marcou T, Křivan V. Plant competition under simultaneous adaptation by herbivores and pollinators. Ecological Modelling, 2021, 455: 109634.

[142] Reynolds A M, Bartumeus F. Optimising the success of random destructive searches: Lévy walks can outperform ballistic motions. Journal of Theoretical Biology, 2009, 260 (1): 98-103.

[143] Riffell J A, Lei H, Abrell L, et al. Neural basis of a pollinator's buffet: Olfactory specializa-

tion and learning in *Manduca sexta*. Science, 2013, 339 (6116): 200-204.

[144] Rinnan R, Steinke M, Mcgenity T, et al. Plant volatiles in extreme terrestrial and marine environments. Plant, Cell & Environment, 2014, 37 (8): 1776-1789.

[145] Rosenberg M S. The bearing correlogram: A new method of analyzing directional spatial autocorrelation. Geographical Analysis, 2000, 32 (3): 267-278.

[146] Sale P F, Agardy T, Ainsworth C H, et al. Transforming management of tropical coastal seas to cope with challenges of the 21st century. Marine Pollution Bulletin, 2014, 85 (1): 8-23.

[147] Sanchez-Gracia A, Vieira F G, Rozas J. Molecular evolution of the major chemosensory gene families in insects. Heredity, 2009, 103 (3): 208-216.

[148] Saura S, Martínez-Millán J. Landscape patterns simulation with a modified random clusters method. Landscape Ecology, 2000, 15 (7): 661-678.

[149] Scheffer M, Bascompte J, Brock W A, et al. Early-warning signals for critical transitions. Nature, 2009, 461 (7260): 53-59.

[150] Scheffer M, Carpenter S, Foley J A, et al. Catastrophic shifts in ecosystems. Nature, 2001, 413 (6856): 591-596.

[151] Scheffer M, Carpenter S R. Catastrophic regime shifts in ecosystems: Linking theory to observation. Trends in Ecology & Evolution, 2003, 18 (12): 648-656.

[152] Scheffer M, Carpenter S R, Dakos V, et al. Generic indicators of ecological resilience: Inferring the chance of a critical transition. Annual Review of Ecology, Evolution, and Systematics, 2015, 46 (1): 145-167.

[153] Schiestl F P. Ecology and evolution of floral volatile-mediated information transfer in plants. New Phytologist, 2015, 206 (2): 571-577.

[154] Schiller J R, Zedler P H, Black C H. The effect of density-dependent insect visits, flowering phenology, and plant size on seed set of the endangered vernal pool plant *Pogogyne abramsii* (Lamiaceae) in natural compared to created vernal pools. Wetlands, 2000, 20 (2): 386-396.

[155] Schmitt J. Density-dependent pollinator foraging, flowering phenology, and temporal pollen dispersal patterns in *Linanthus bicolor*. Evolution, 1983, 37 (6): 1247-1257.

[156] Schneider F D, Kéfi S. Spatially heterogeneous pressure raises risk of catastrophic shifts. Theoretical Ecology, 2015, 9 (2): 207-217.

[157] Silliman B R, Bertness M D. A trophic cascade regulates salt marsh primary production. Proceedings of the National Academy of Sciences of the United States of America, 2002, 99 (16): 10500-10505.

[158] Silliman B R, McCoy M W, Angelini C, et al. Consumer fronts, global change, and runaway collapse in ecosystems. Annual Review of Ecology, Evolution, and Systematics, 2013, 44 (1): 503-538.

[159] Silliman B R, Newell S Y. Fungal farming in a snail. Proceedings of the National Academy of Sciences of the United States of America, 2003, 100 (26): 15643-15648.

[160] Silliman B R, van de Koppel J, Bertness M D, et al. Drought, snails, and large-scale die-off of southern U. S. salt marshes. Science, 2005, 310 (5755): 1803-1806.

[161] Silliman B R, Zieman J C. Top-down control of *Spartina alterniflora* production by periwinkle grazing in a Virginia salt marsh. Ecology, 2001, 82 (10): 2830-2845.

[162] Soons M B, Nathan R, Katul G G. Human effects on long-distance wind dispersal and colonization by grassland plants. Ecology, 2004, 85 (11): 3069-3079.

[163] Souza S R, Carlson B V, Donangelo R, et al. Statistical multifragmentation model with Skyrme effective interactions. Physical Review C, 2009, 79 (5): 054602.

[164] Spencer T, Schuerch M, Nicholls R J, et al. Global coastal wetland change under sea-level rise and related stresses: The DIVA Wetland Change Model. Global and Planetary Change, 2016, 139 (1): 15-30.

[165] Spiesman B J, Gratton C. Flexible foraging shapes the topology of plant-pollinator interaction networks. Ecology, 2016, 97 (6): 1431-1441.

[166] Stallins J A. Geomorphology and ecology: Unifying themes for complex systems in biogeomorphology. Geomorphology, 2006, 77 (3-4): 207-216.

[167] Suwannapong G, Seanbualuang P, Gowda S V, et al. Detection of odor perception in Asiatic honeybee (*Apis cerana* Fabricius, 1793) workers by changing membrane potential of the antennal sensilla. Journal of Asia-Pacific Entomology, 2010, 13 (3): 197-200.

[168] Swift T L, Hannon S J. Critical thresholds associated with habitat loss: A review of the concepts, evidence, and applications. Biological Reviews, 2010, 85 (1): 35-53.

[169] Townsend P A, Levey D J. An experimental test of whether habitat corridors affect pollen transfer. Ecology, 2005, 86 (2): 466-475.

[170] Traveset A, Castro-Urgal R, Rotllàn-Puig X, et al. Effects of habitat loss on the plant-flower visitor network structure of a dune community. Oikos, 2018, 127 (1): 45-55.

[171] van Belzen J, van de Koppel J, Kirwan M L, et al. Vegetation recovery in tidal marshes reveals critical slowing down under increased inundation. Nature communications, 2017, 8: 15811.

[172] van de Koppel J, Rietkerk M. Herbivore regulation and irreversible vegetation change in semiarid grazing systems. Oikos, 2000, 90 (2): 253-260.

[173] van de Koppel J, Rietkerk M, van Langevelde F, et al. Spatial heterogeneity and irreversible vegetation change in semiarid grazing systems. The American Naturalist, 2002, 159 (2): 209-218.

[174] van de Koppel J, van der Wal D, Bakker J P, et al. Self-organization and vegetation collapse in salt marsh ecosystems. The American Naturalist, 2005, 165 (1): E1-E12.

[175] van Nes E H, Scheffer M. Slow recovery from perturbations as a generic indicator of a nearby catastrophic shift. The American Naturalist, 2007, 169 (6): 738-747.

[176] van Tussenbroek B I, Soissons L M, Bouma T J, et al. Pollen limitation may be a common Allee effect in marine hydrophilous plants: Implications for decline and recovery in seagrasses. Oecologia, 2016, 182 (2): 595-609.

[177] van Wesenbeeck B K, van de Koppel J, Herman P M J, et al. Potential for sudden shifts in transient systems: Distinguishing between local and landscape-scale processes. Ecosystems, 2008, 11 (7): 1133-1141.

[178] Viaroli P, Bartoli M, Giordani G, et al. Community shifts, alternative stable states, biogeochemical controls and feedbacks in eutrophic coastal lagoons: A brief overview. Aquatic Conservation: Marine and Freshwater Ecosystems, 2008, 18 (S1): S105-S117.

[179] Viswanathan G M, Buldyrev S V. Optimizing the success of random searches. Nature, 1999, 401 (6756): 911-914.

[180] Wagner H H, Fortin M-J. Spatial analysis of landscapes: Concepts and statistics. Ecology, 2005, 86 (8): 1975-1987.

[181] Wang C, Temmerman S. Does biogeomorphic feedback lead to abrupt shifts between alternative landscape states?: An empirical study on intertidal flats and marshes. Journal of Geophysical Research: Earth Surface, 2013, 118 (1): 229-240.

[182] Wang H, Hsieh Y P, Harwell M A, et al. Modeling soil salinity distribution along topographic gradients in tidal salt marshes in Atlantic and Gulf coastal regions. Ecological Modelling, 2007, 201 (3-4): 429-439.

[183] Weiner J. Allocation, plasticity and allometry in plants. Perspectives in Plant Ecology, Evolution and Systematics, 2004, 6 (4): 207-215.

[184] Westoby M, Falster D S, Moles A T, et al. Plant ecological strategies: Some leading dimensions of variation between species. Annual Review of Ecology and Systematics, 2002, 33 (1): 125-159.

[185] Wiesenborn W D, Heydon S L, Lorenzen K. Pollen loads on adult insects from tamarisk flowers and inferences about larval habitats at topock marsh, arizona. Journal of the Kansas Entomological Society, 2008, 81 (1): 50-60.

[186] Wilcock C, Neiland R. Pollination failure in plants: Why it happens and when it matters. Trends in Plant Science, 2002, 7 (6): 270-277.

[187] Williams N M, Winfree R. Local habitat characteristics but not landscape urbanization drive pollinator visitation and native plant pollination in forest remnants. Biological Conservation, 2013, 160: 10-18.

[188] Wilson A M, Evans T, Moore W, et al. Groundwater controls ecological zonation of salt marsh macrophytes. Ecology, 2015, 96 (3): 840-849.

[189] With K A, King A W. Extinction thresholds for species in fractal landscapes. Conservation Biology, 1999, 13 (2): 314-326.

[190] Wright G A, Smith B H. Different thresholds for detection and discrimination of odors in the honey bee (*Apis mellifera*). Chemical Senses, 2004, 29 (2): 127-135.

[191] Xu H, Paerl H W, Qin B, et al. Determining critical nutrient thresholds needed to control harmful cyanobacterial blooms in eutrophic Lake Taihu, China. Environmental Science & Technology, 2015, 49 (2): 1051-1059.

[192] Yang J, Zhang Z, Dawazhaxi, et al. Spatial distribution patterns and intra-specific competition of pine (*Pinus yunnanensis*) in abandoned farmland under the Sloping Land Conservation Program. Ecological Engineering, 2019, 135: 17-27.

[193] Yuan M, Jiang C, Weng X, et al. Influence of salinity gradient changes on phytoplankton growth caused by sluice construction in Yongjiang River Estuary Area. Water, 2020, 12 (9): 2492.

[194] Yue S, Zhou Y, Xu S, et al. Can the non-native salt marsh halophyte *Spartina alterniflora* threaten native seagrass (*Zostera japonica*) habitats? A case study in the Yellow River Delta, China. Frontiers in Plant Science, 2021, 12: 643425.

[195] Zhang H, Sun T, Xue S, et al. Habitat-mediated, density-dependent dispersal strategies affecting spatial dynamics of populations in an anthropogenically-modified landscape. Science of the Total Environment, 2018, 625 (1): 1510-1517.

[196] Zhang H，Sun T，Xue S，et al. Environmental flow assessment in estuaries taking into consideration species dispersal in fragmented potential habitats. Ecological Indicators，2017，78：541-548.

[197] Zhao X，Xia J，Chen W，et al. Transport characteristics of salt ions in soil columns planted with *Tamarix chinensis* under different groundwater levels. PLoS One，2019，14（4）：e0215138.

[198] 白生才，孙慧琴，杨雄，等．准噶尔盆地密花柽柳的传粉特性研究初探．甘肃科技，2016，32（9）：136-138.

[199] 陈健，倪绍祥，李云梅．基于神经网络方法的芦苇叶面积指数遥感反演．国土资源遥感，2008（2）：62-67.

[200] 陈健，倪绍祥，李云梅，等．芦苇地叶面积指数的遥感反演．国土资源遥感，2005（2）：20-23.

[201] 陈琳，任春颖，王灿，等．6个时期黄河三角洲滨海湿地动态研究．湿地科学，2017，15（2）：179-186.

[202] 陈敏，刘林德，张莉，等．黑河中游和烟台海滨中国柽柳的传粉生态学研究．植物学报，2012，47（3）：264-270.

[203] 崔保山，刘兴土．黄河三角洲湿地生态特征变化及可持续性管理对策．地理科学，2001，21（3）：250-256.

[204] 郭宇，孙美琪，王富强，等．水沙对黄河三角洲湿地景观格局演变的影响分析．华北水利水电大学学报（自然科学版），2018，39（4）：36-41.

[205] 何秀平，王保栋，谢琳萍．柽柳对盐碱地生态环境的影响．海洋科学，2014，38（1）：96-101.

[206] 贺强．生物互作与全球变化下的生态系统动态：从理论到应用．植物生态学报，2021，45（10）：1075-1093.

[207] 贺强，安渊，崔保山．滨海盐沼及其植物群落的分布与多样性．生态环境学报，2010，19（3）：657-664.

[208] 贺强，崔保山，胡乔木，等．水深环境梯度下柽柳种群分布格局的分形分析．水土保持通报，2008，28（5）：70-73.

[209] 贺强，崔保山，赵欣胜，等．黄河河口盐沼植被分布、多样性与土壤化学因子的相关关系．生态学报，2009，29（2）：676-687.

[210] 黄波．黄河三角洲刁口河海岸侵蚀过程时空演变与防护对策研究．北京：北京林业大学，2015.

[211] 李凡，张秀荣．黄河入海水、沙通量变化对黄河口及邻近海域环境资源可持续利用的影响Ⅰ．黄河入海流量锐减和断流的成因及其发展趋势．海洋科学集刊，2001，43：51-59.

[212] 李胜男，王根绪，邓伟，等．水沙变化对黄河三角洲湿地景观格局演变的影响．水科学进展，2009，20（3）：325-331.

[213] 李延峰，毛德华，王宗明，等．双台河口国家级自然保护区芦苇叶面积指数遥感反演与空间格局分析．湿地科学，2014，12（2）：163-169.

[214] 李玉，康晓明，郝彦宾，等．黄河三角洲芦苇湿地生态系统碳、水热通量特征．生态学报，2014，34（15）：4400-4411.

[215] 林琳，刘健，陈学群，等．黄河三角洲1961～2000年水资源时空变化特征．水资源保护，2012，28（1）：29-33，37.

[216] 刘家书.多枝柽柳（*Tamarix ramosissima*）两季花期繁殖生态学特性的比较研究.石河子：石河子大学，2018.

[217] 刘康，闫家国，邹雨璇，等.黄河三角洲盐地碱蓬盐沼的时空分布动态.湿地科学，2015，13（6）：696-701.

[218] 刘曙光，李从先，丁坚，等.黄河三角洲整体冲淤平衡及其地质意义.海洋地质与第四纪地质，2001，21（4）：13-17.

[219] 刘亚琦，刘加珍，陈永金，等.黄河三角洲潮间带柽柳灌丛的格局及结构动态研究.生态科学，2017，36（1）：153-158.

[220] 吕剑，骆永明，章海波.中国海岸带污染问题与防治措施.中国科学院院刊，2016，31（10）：1175-1181.

[221] 满颖，王安东，周方文，等.围填海活动对黄河口滨海湿地纵向水文连通网络影响.环境生态学，2020，2（4）：57-64.

[222] 裴俊，杨薇，王文燕.淡水恢复工程对黄河三角洲湿地生态系统服务的影响.北京师范大学学报（自然科学版），2018，54（1）：104-112.

[223] 齐曼.环境胁迫下黄河三角洲盐沼植物种间关系及群落稳定性驱动机制.北京：北京师范大学，2017.

[224] 王峰，宗晓鸿，田世芹.黄河三角洲地区热量资源变化特征分析.中国农业资源与区划，2019，40（9）：101-108.

[225] 王景旭，丁丽霞，程乾.湿地植被叶面积指数对光化学指数和光能利用率关系的影响——基于实测数据和PROSPECT-SAIL模型.自然资源学报，2016，31（3）：514-525.

[226] 王凯，邹立，高冬梅，等.黄河口潮滩春季细菌群落的分布特征及其影响因素研究.中国海洋大学学报（自然科学版），2016，46（1）：108-115.

[227] 王平，刘京涛，朱金方，等.黄河三角洲海岸带湿地柽柳在干旱年份的水分利用策略.应用生态学报，2017，28（6）：1801-1807.

[228] 王炜，王保栋，徐宗军，等.昌邑海洋保护区柽柳灌丛枝干生物量估算方法.生态学报，2016，36（8）：2202-2209.

[229] 王霄鹏.黄河三角洲湿地典型植被高光谱遥感研究.大连：大连海事大学，2014.

[230] 王雪宏，栗云召，孟焕，等.黄河三角洲新生湿地植物群落分布格局.地理科学，2015，35（8）：1021-1026.

[231] 王岩，陈永金，刘加珍.黄河三角洲湿地土壤养分空间分布特征.人民黄河，2013，35（2）：72-74.

[232] 王仲礼，刘林德，方炎明.黄河三角洲柽柳的开花特性及传粉生态学研究.热带亚热带植物学报，2005，13（4）：353-357.

[233] 魏帆，韩广轩，韩美，等.1980～2017年环渤海海岸线和围填海时空演变及其影响机制.地理科学，2019，39（6）：997-1007.

[234] 吴盼，彭希强，杨树仁，等.山东省滨海湿地柽柳种群的空间分布格局及其关联性.植物生态学报，2019，43（9）：817-824.

[235] 肖霄，谢宗琳，辛琨.滨海湿地植被演替研究进展及其展望.海南师范大学学报（自然科学版），2018，31（2）：219-225.

[236] 肖燕，汤俊兵，安树青.芦苇、互花米草的生长和繁殖对盐分胁迫的响应.生态学杂志，2011，30（2）：267-272.

[237] 徐梦辰，刘加珍，陈永金．黄河三角洲湿地柽柳群落退化特征分析．人民黄河，2015，37（7）：85-89.

[238] 严成，魏岩，王磊．密花柽柳的两季开花结实及其生态意义．干旱区研究，2011，28（2）：335-340.

[239] 杨薇，裴俊，李晓晓，等．黄河三角洲退化湿地生态修复效果的系统评估及对策．北京师范大学学报（自然科学版），2018，54（1）：98-103.

[240] 余欣，王万战，李岩，等．小浪底水库运行以来黄河口演变分析．泥沙研究，2016（6）：8-11.

[241] 袁国富，罗毅，邵明安，等．塔里木河下游荒漠河岸林蒸散规律及其关键控制机制．中国科学：地球科学，2015，45（5）：695-706.

[242] 张红玉．虫媒植物与传粉昆虫的协同进化（二）——虫媒花的性状对昆虫传粉的适应．四川林业科技，2005a，26（6）：22-27.

[243] 张红玉．虫媒植物与传粉昆虫的协同进化（一）——传粉昆虫对虫媒植物进化所起的作用．四川林业科技，2005b，26（3）：26，38-41.

[244] 张晓龙，李培英，李萍，等．中国滨海湿地研究现状与展望．海洋科学进展，2005，23（1）：87-95.

[245] 张晓龙，李萍，刘乐军，等．现代黄河三角洲滨海湿地退化评价．海洋通报，2010，29（6）：685-689.

[246] 张绪良，徐宗军，张朝晖，等．中国北方滨海湿地退化研究综述．地质论评，2010，56（4）：561-567.

[247] 赵连春，赵成章，陈静，等．秦王川湿地不同密度柽柳枝-叶性状及其光合特性．生态学报，2018，38（5）：1722-1730.

[248] 赵西梅，夏江宝，陈为峰，等．蒸发条件下潜水埋深对土壤-柽柳水盐分布的影响．生态学报，2017，37（18）：6074-6080.

[249] 赵欣胜，吕卷章，孙涛．黄河三角洲植被分布环境解释及柽柳空间分布点格局分析．北京林业大学学报，2009，31（3）：29-36.

(a) 柽柳总状花序　　　　　　　　　　　　　(b) 柽柳常见传粉者

(c) 柽柳种子

图 2-6　黄河三角洲柽柳花序、种子及其常见传粉者

（照片来源：作者拍摄于 2017 年 6 月 1 日）

表 2-1　研究区域典型地物遥感解译标志

地物类型		多光谱解译标志 （Landsat 8）	现场照片
柽柳分布区	柽柳		
	柽柳-白茅群丛		

地物类型		多光谱解译标志 （Landsat 8）	现场照片
柽柳分布区	柽柳-芦苇群丛		
人工用地	农田		
	油井平台		
	居民区		
	厂房		
	堤坝道路		
潮滩	滩涂		
	翅碱蓬分布区		
	互花米草分布区		

地物类型		多光谱解译标志 （Landsat 8）	现场照片
水域	河道/水渠		
	湖泊		
	水塘		
	养殖池		
	潮沟		
	海域		

注：上述遥感解译标志的判断依据为作者野外调研经验及现场照片，并参考王雪鹏（2014）的研究结果。

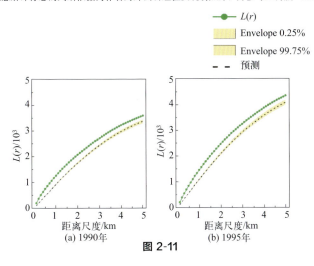

图 2-11

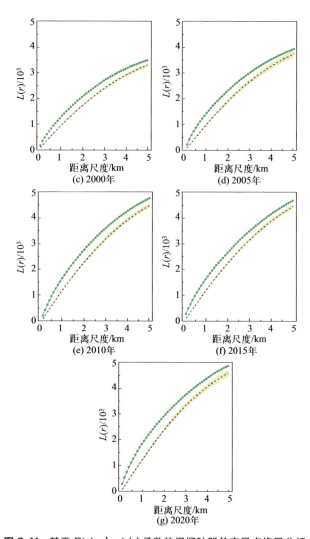

图 2-11 基于 Ripley's $L(r)$ 函数的柽柳种群单变量点格局分析

[蒙特卡罗模拟包络线（浅黄色区间）对应于 0.25% 和 99.75% 置信区间（Envelope）]

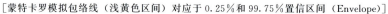

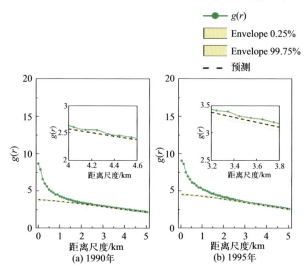

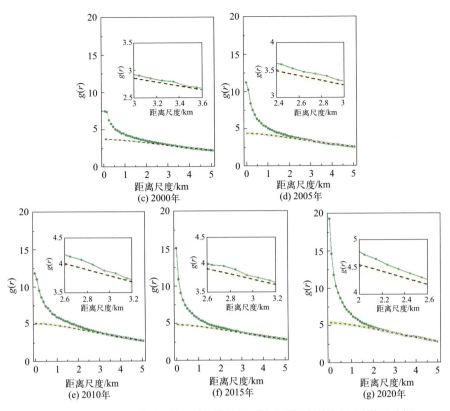

图 2-12 泊松零假设模型下基于对相关函数 $g(r)$ 的柽柳种群单变量点格局分析

［蒙特卡罗模拟包络线（浅黄色区间）对应于 0.25％和 99.75％置信区间（Envelope)］

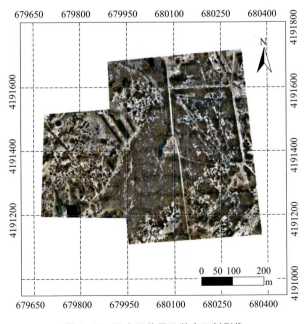

图 2-15 研究区位置及数字正射影像

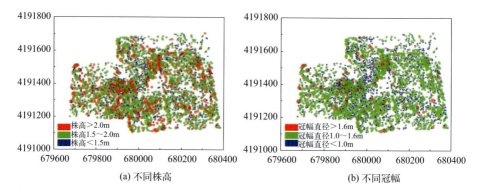

(a) 不同株高   (b) 不同冠幅

图 2-16 研究区域内具有不同株高和不同冠幅的柽柳的分布情况

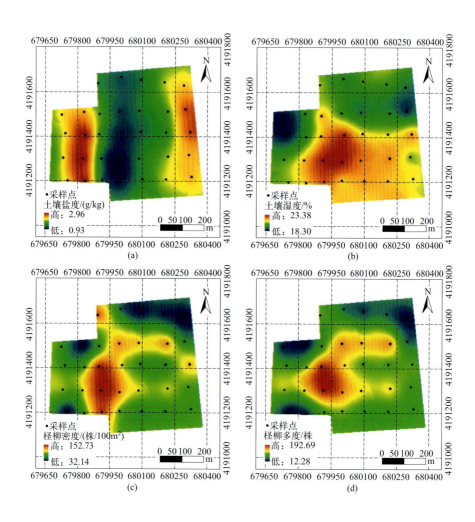

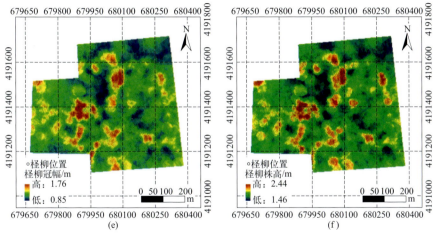

图 2-17　基于反距离加权插值法的土壤水盐条件〔（a）、（b）〕和柽柳个体特征〔（c）～（f）〕的空间分布图

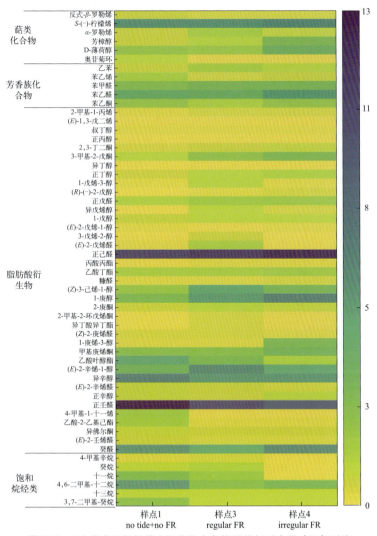

图 3-6　3个样点间柽柳花朵挥发物中各物质的相对含量（％）对比

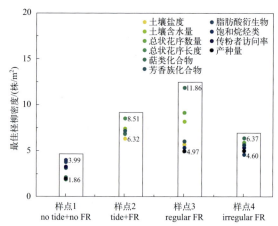

**图 3-9　当土壤条件、花朵性状、传粉者访问率和
产种量达到最大值时 4 个样点的最佳柽柳密度**

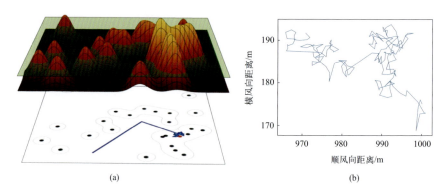

**图 4-3　非定向感官觅食者行为的示意图（引自 Nolting 等，2015）（a）
和 Lévy walk 模式下传粉者移动轨迹示意图（b）**

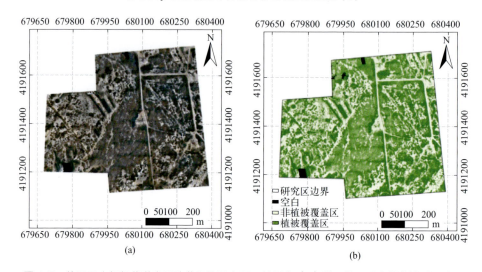

**图 4-5　使用无人机机载激光雷达获取的研究区正射影像（a）以及使用最大似然法对研究区
监督分类，包括植被覆盖区和非植被覆盖区（包括裸露地面、开阔水域）（b）**

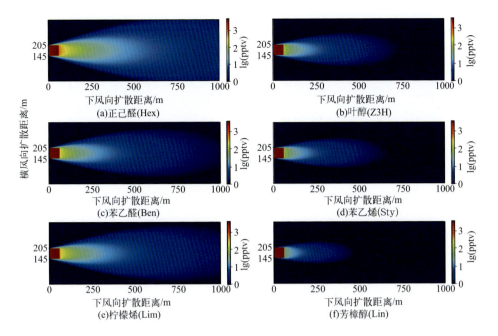

图 4-6　柽柳花朵挥发物空间扩散分布图

（图中 lg 为挥发物浓度的对数值）

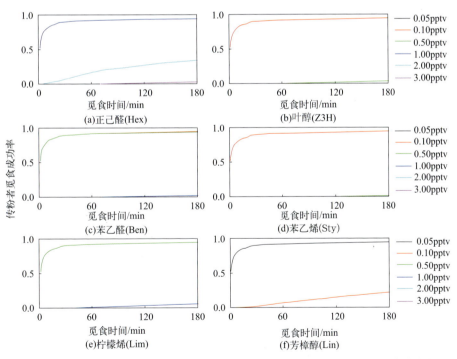

图 4-7　不同探测阈值的传粉者在 180min 内对 6 种柽柳花朵挥发物羽流的觅食成功率

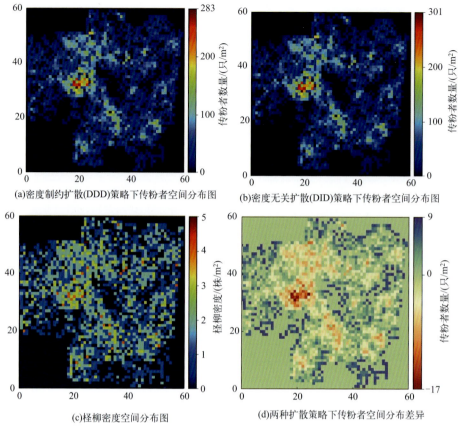

(a)密度制约扩散(DDD)策略下传粉者空间分布图

(b)密度无关扩散(DID)策略下传粉者空间分布图

(c)柽柳密度空间分布图

(d)两种扩散策略下传粉者空间分布差异

图 4-8　柽柳与传粉者空间分布图

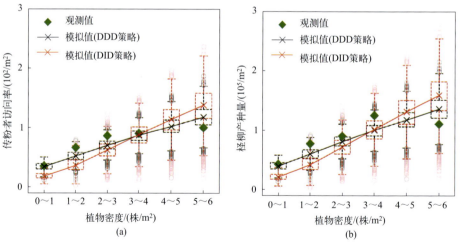

图 4-9　不同植物密度等级下观测结果和模拟结果的对比

（a）不同植物密度等级下传粉者访问率变化图；（b）不同植物密度等级下柽柳产种量变化图

[图中黑色箱线图代表传粉者密度制约扩散（DDD）策略，红色箱线图代表传粉者

密度无关扩散（DID）策略]

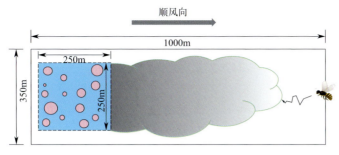

图 4-10 模拟域和挥发物扩散示意图

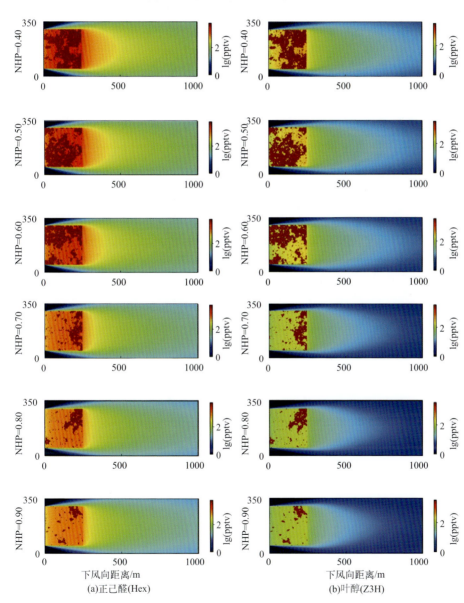

(a)正己醛(Hex)　　　　　　　　(b)叶醇(Z3H)

图 4-12

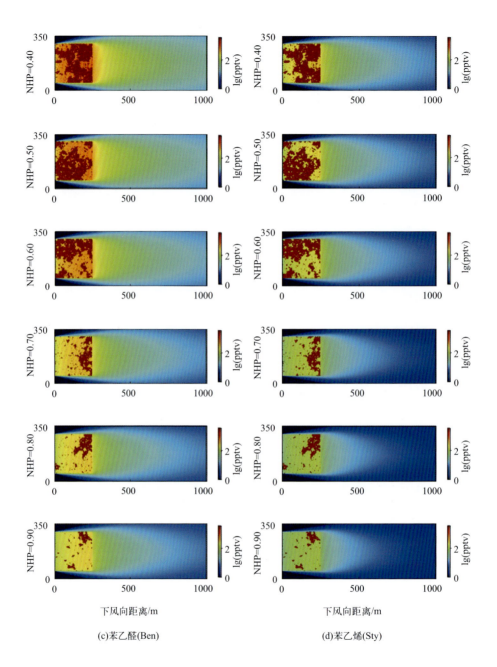

(c)苯乙醛(Ben)   (d)苯乙烯(Sty)

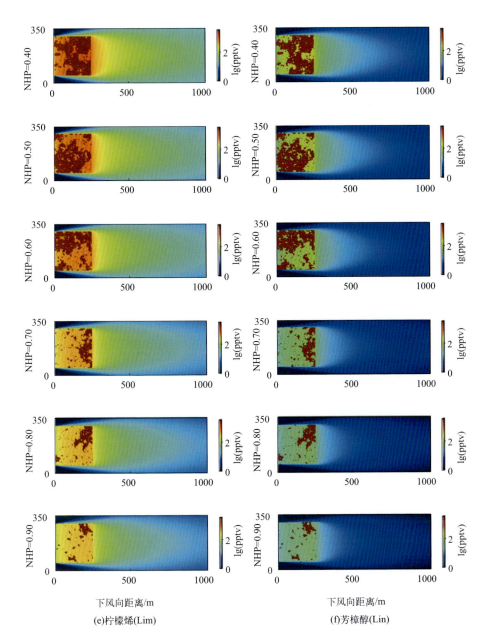

图 4-12 不同非生境比例（non-habitat percentage，NHP）
情景下 6 种挥发性羽流的二维空间分布

(e)柠檬烯(Lim)　　　　　　　　　(f)芳樟醇(Lin)

下风向距离/m

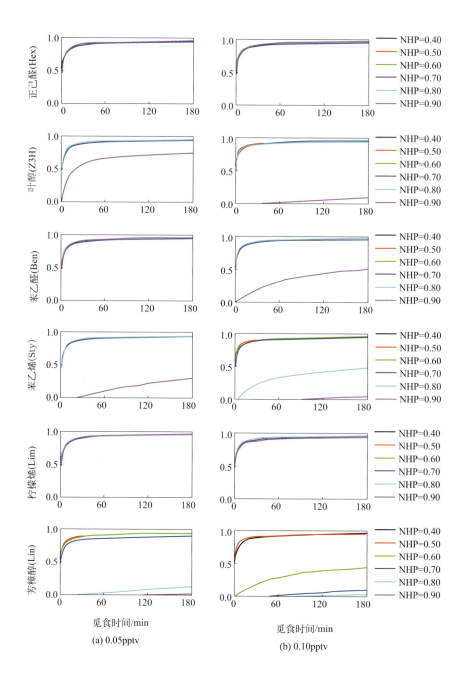

觅食时间/min

(a) 0.05pptv

觅食时间/min

(b) 0.10pptv

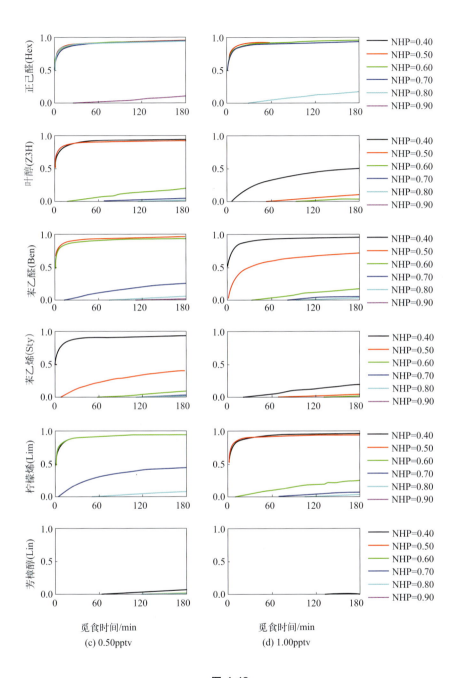

觅食时间/min

(c) 0.50pptv

觅食时间/min

(d) 1.00pptv

图 4-13

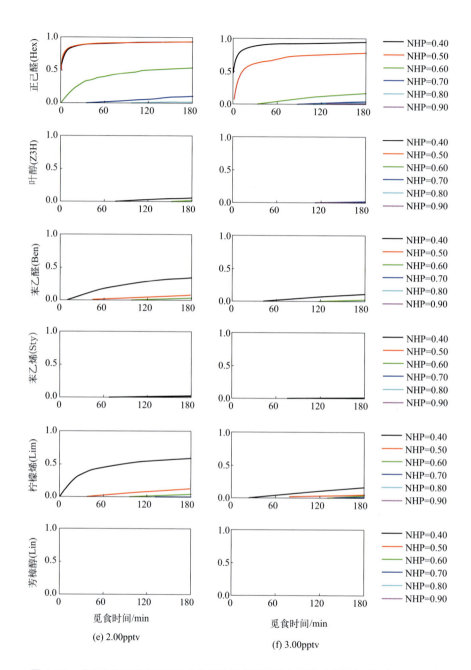

图 4-13 成功定位挥发物羽流的传粉者数量的累积分布函数（总觅食时间为 180min）

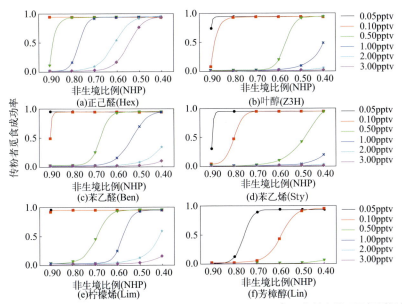

图 4-14 不同非生境比例（non-habitat percentage，NHP）下传粉者以不同探测阈值
对 6 种挥发物的觅食成功率（180min）

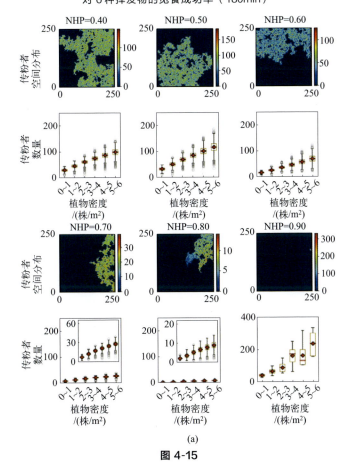

(a)

图 4-15

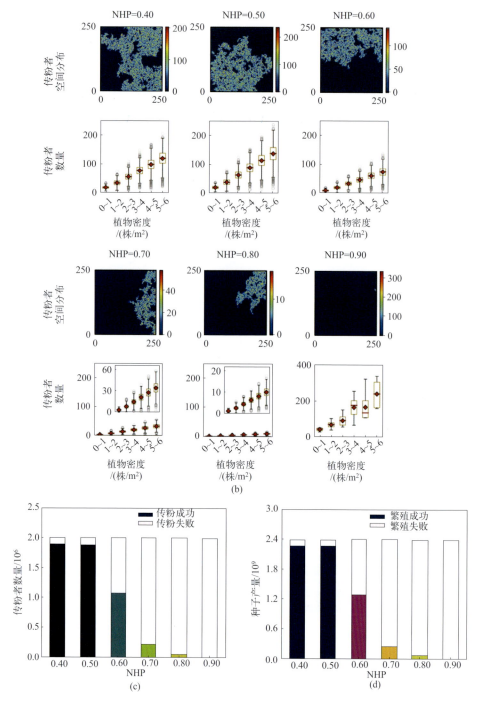

图 4-15　不同非生境比例（non-habitat percentage，NHP）下
花圃内传粉者空间分布格局及其与植物密度的响应关系

（a）密度制约扩散（DDD）策略的传粉者；（b）密度无关扩散（DID）策略的传粉者；

（c）不同非生境比例（NHP）下花圃内传粉者数量；（d）不同 NHP 下柽柳繁殖力

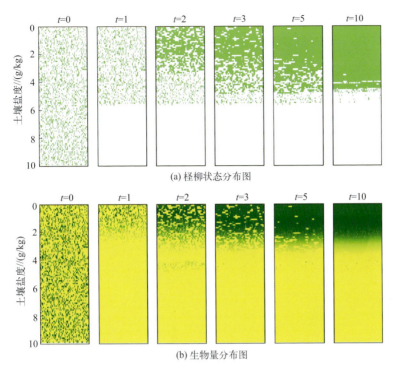

(a) 柽柳状态分布图

(b) 生物量分布图

图 5-8 植物沿土壤盐度梯度方向上（y 轴，盐度范围为 0～10g/kg）的分布动态

[模拟时间步长为年（t）。图中浅绿色代表柽柳，白色代表裸地]

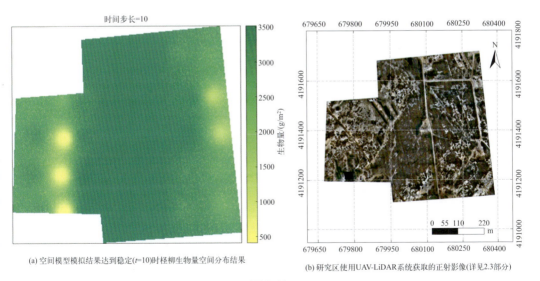

(a) 空间模型模拟结果达到稳定(t=10)时柽柳生物量空间分布结果

(b) 研究区使用UAV-LiDAR系统获取的正射影像(详见2.3部分)

图 5-11

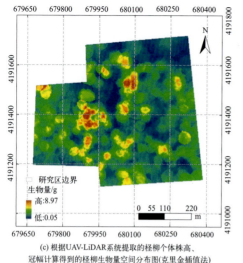
(c) 根据UAV-LiDAR系统提取的柽柳个体株高、
冠幅计算得到的柽柳生物量空间分布图(克里金插值法)

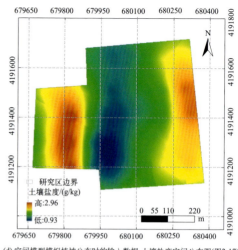
(d) 空间模型模拟植被分布时的输入数据-土壤盐度空间分布图(图2-17)

图 5-11 模型验证中涉及的图件

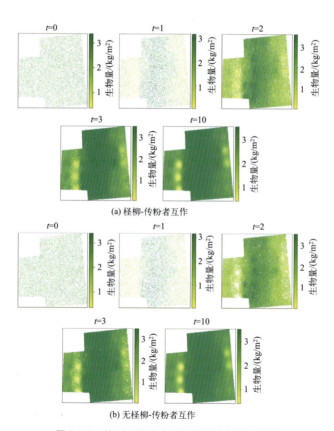

(a) 柽柳-传粉者互作

(b) 无柽柳-传粉者互作

图 5-13 航测区柽柳生物量空间分布模拟结果

（t 代表模拟时间）

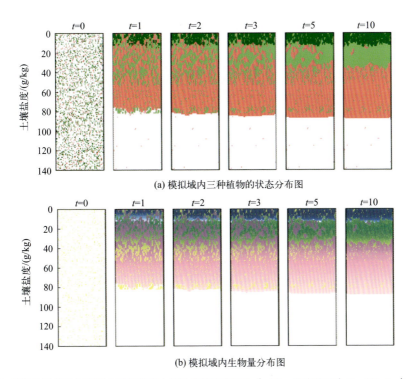

(a) 模拟域内三种植物的状态分布图

(b) 模拟域内生物量分布图

图 5-16 黄河三角洲地区典型盐沼植被沿土壤盐度梯度方向上（y轴，盐度范围为 0~140g/kg）分布动态

［模拟时间步长（t）为年。图中绿色代表芦苇，浅绿色代表柽柳，红色代表翅碱蓬，白色代表裸地］

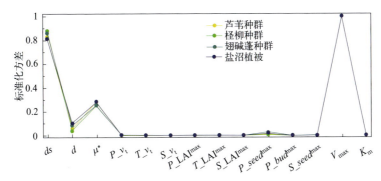

图 5-19 盐沼植被空间模型参数敏感性分析

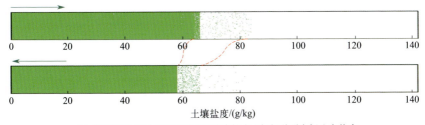

(a) 考虑柽柳-传粉者互作时不同盐度梯度下柽柳种群空间分布状态

图 6-3

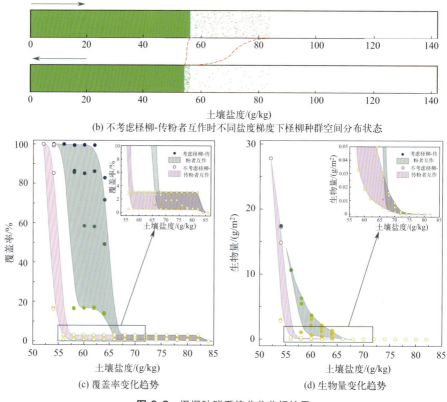

(b) 不考虑柽柳-传粉者互作时不同盐度梯度下柽柳种群空间分布状态

(c) 覆盖率变化趋势

(d) 生物量变化趋势

图 6-3　柽柳种群系统分岔分析结果

[图 (c) 和图 (d) 中浅绿色部分为柽柳-传粉者交互作用下柽柳种群系统双稳态区间，图中浅紫色部分为不考虑柽柳-传粉者交互作用时的系统双稳态区间。图中圆圈颜色深浅与其数值大小相关，数值越大颜色越深，反之亦然]

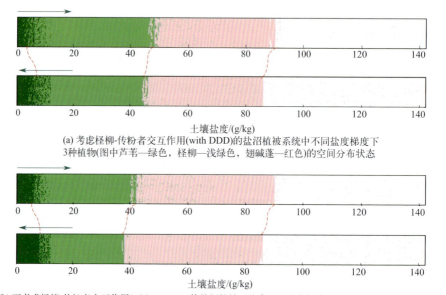

(a) 考虑柽柳-传粉者交互作用(with DDD)的盐沼植被系统中不同盐度梯度下
3种植物(图中芦苇—绿色，柽柳—浅绿色，翅碱蓬—红色)的空间分布状态

(b) 不考虑柽柳-传粉者交互作用(without DDD)的盐沼植被系统中不同盐度梯度下3种植物的空间分布状态

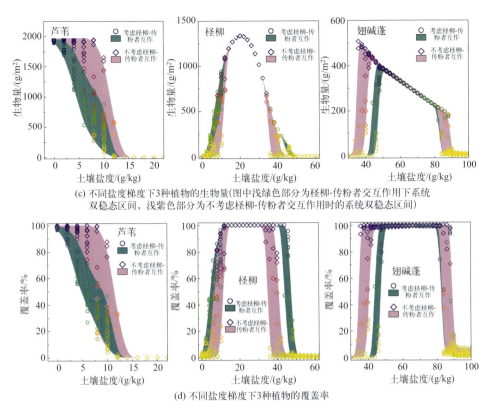

(c) 不同盐度梯度下3种植物的生物量(图中浅绿色部分为柽柳-传粉者交互作用下系统双稳态区间,浅紫色部分为不考虑柽柳-传粉者交互作用时的系统双稳态区间)

(d) 不同盐度梯度下3种植物的覆盖率

图 6-5　盐沼植被系统分岔分析结果

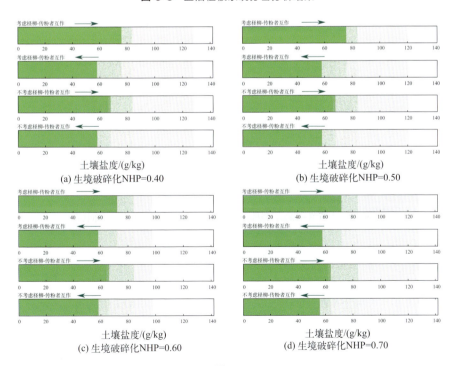

(a) 生境破碎化NHP=0.40

(b) 生境破碎化NHP=0.50

(c) 生境破碎化NHP=0.60

(d) 生境破碎化NHP=0.70

图 6-8

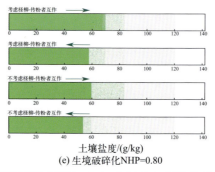

(e) 生境破碎化NHP=0.80

图6-8 不同程度生境破碎化情景（NHP= 0.4~0.8）下，柽柳-传粉者交互作用（with DDD）下的和不考虑柽柳-传粉者交互作用（without DDD）的柽柳种群沿土壤盐度梯度分布格局

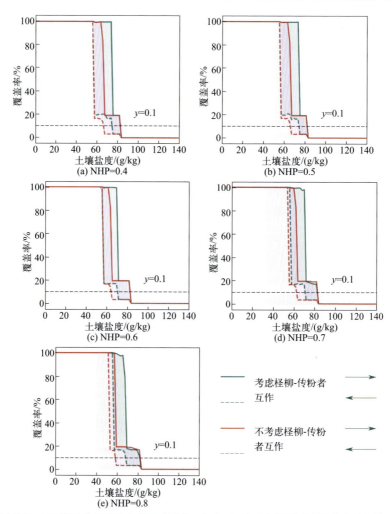

图6-9 不同程度生境破碎化情景（NHP= 0.4~0.8）下柽柳种群系统分岔分析结果

[图中绿线为柽柳-传粉者交互作用下的柽柳种群系统（with DDD），红线为不考虑柽柳-传粉者交互作用的柽柳种群系统（without DDD）；实线为土壤盐度递增情景，虚线为土壤盐度递减情景；浅绿色部分为柽柳-传粉者交互作用下系统双稳态区间，浅红色部分为不考虑柽柳-传粉者交互作用时的系统双稳态区间]

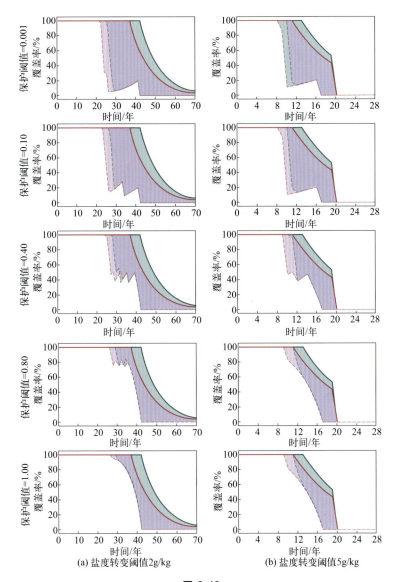

(a) 盐度转变阈值2g/kg   (b) 盐度转变阈值5g/kg

图 6-10

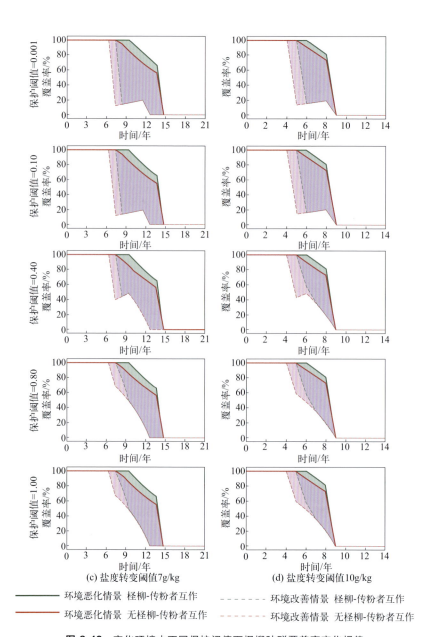

图 6-10 变化环境中不同保护阈值下柽柳种群覆盖率变化规律

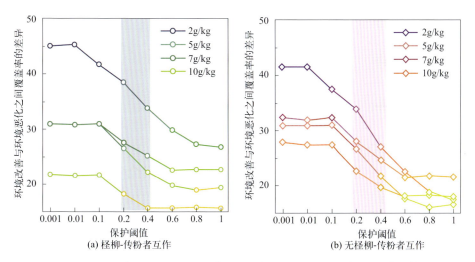

(a) 柽柳-传粉者互作　　　(b) 无柽柳-传粉者互作

图 6-11　不同保护阈值下环境改善情景与环境恶化情景间柽柳种群覆盖率的差异

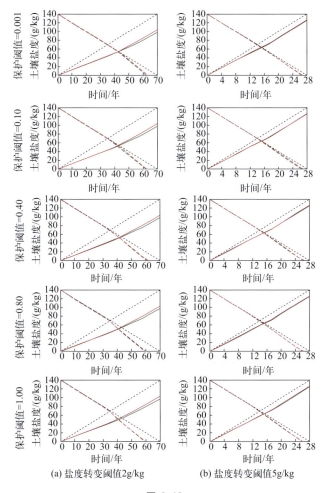

(a) 盐度转变阈值2g/kg　　　(b) 盐度转变阈值5g/kg

图 6-12

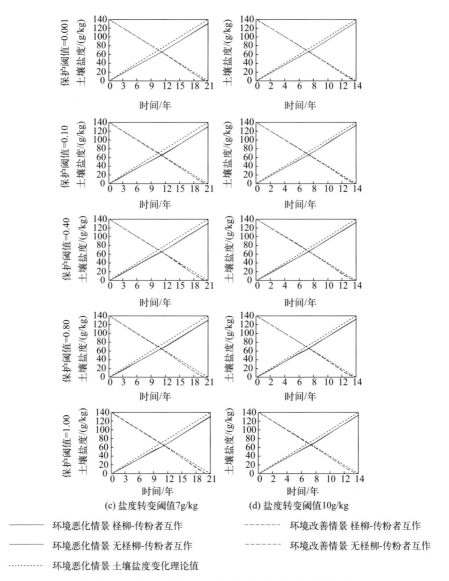

(c) 盐度转变阈值7g/kg　　　(d) 盐度转变阈值10g/kg

―――― 环境恶化情景 柽柳-传粉者互作　　　- - - - - 环境改善情景 柽柳-传粉者互作

―――― 环境恶化情景 无柽柳-传粉者互作　　　- - - - - 环境改善情景 无柽柳-传粉者互作

·········· 环境恶化情景 土壤盐度变化理论值

图 6-12　变化环境中不同保护阈值下土壤盐度变化规律

（此处以保护阈值 0.001、0.10、0.40、0.80 和 1.00 为例）